**5-7, rue de l'École-Polytechnique, 75005 Paris**

http://www.editions-harmattan.fr

ISBN : 978-2-343-21549-5
EAN : 9782343215495

LES STATIONS EN PRIMATOLOGIE

# Acteurs de la Science

*Fondée par Richard Moreau,*
*professeur honoraire à l'Université de Paris XII*
*Dirigée par Claude Brezinski et Roger Teyssou*

La collection Acteurs de la Science est consacrée à des études sur les acteurs de l'épopée scientifique moderne ; à des inédits et à des réimpressions de mémoires scientifiques anciens ; à des textes consacrés en leur temps à de grands savants par leurs pairs ; à des évaluations sur les découvertes les plus marquantes et la pratique de la Science.

**Dernières parutions**

Daniel BOIS, *L'information du vivant au numérique. L'homme face à la complexité*, 2020.
Frédéric TOURNIER, *Une vie à chercher*, 2020.
Robert LOCQUENEUX, *Les commencements du monde, de Moïse à Buffon*, 2020.
Alain MARMONIER, *Le Dr Melchior Marmonier,1813-1891.Vie et œuvre du promoteur de la transfusion sanguine en Grésivaudan*, 2020.
Claudio GRIMALDI, *Les Éloges de Fontenelle. La création du discours sur la science*, 2020.
Benoît LINEL, *Le docteur Vitalien. Le médecin de Ménélik II*, 2020.
Joël MARCOVITCH, *L'embryon, mémoire de l'humanité*, 2020.
Christiane VILAIN, *Où va la physique ? De la physique mécaniste à quelques élaborations contemporaines,* 2019
Vincent LAFORGE, *La chair et le plomb*, 2019.
Jean-Yves DE LA CAFFINIÈRE, *Robert Merle d'Aubigné, Chirurgien bâtisseur (1900-1989),* 2019.
Roger TEYSSOU, *Théodore Tronchin et la grande aventure de l'inoculation de la variole*, 2019.
Sofiane BOUHDIBA, *Le côté obscur de la médecine. Mauvais médecins et médecins mauvais, de l'Antiquité à nos jours*, 2019.
Daniel BOIS, *L'information aux sources de la science*, 2019.

Guillaume Rey

# Les stations en primatologie

## Étude des cas de Makokou et Paimpont (1962-1989)

Préface de Marion Thomas

L'Harmattan

**Du même auteur**

*Afriques anarchistes. Introduction à l'histoire des anarchismes africains*, Paris, L'Harmattan, 2018

*Les institutions politiques mossis à l'épreuve de la situation coloniale*, Paris, L'Harmattan, 2013

## Remerciements

Mes remerciements vont aux personnes qui ont contribué à l'élaboration de cet ouvrage, en particulier :

Frédérique Moreau qui a rendu cette enquête possible en me mettant sur la piste des singes de Paimpont puis m'a encouragé à en faire connaître les résultats.

Mon directeur et ma directrice de recherche, Stéphane Tirard et Marion Thomas, pour avoir accepté de suivre ce projet ainsi que pour leurs conseils. Marion Thomas de nouveau pour avoir bien voulu écrire la préface de ce livre.

Mes parents, Augustin Rey et Christine Rey Castelló, pour leur soutien constant et leur relecture attentive.

Jean-Pierre Gautier qui a bien voulu m'apporter son témoignage.

Laure Hoenen et Oliver Hochadel qui ont pris le temps d'échanger avec moi et ont fait avancer ma réflexion.

J'ai également une pensée pour toutes les personnes qui exercent la profession d'archiviste et dont le travail invisible est si précieux.

# PRÉFACE

À la fin de l'année 2018, je reçus un appel de mon collègue Stéphane Tirard, professeur d'épistémologie et d'histoire des sciences à l'université de Nantes pour m'inviter à codiriger un travail de master de l'un de ses étudiants, Guillaume Rey. Ce mémoire avait pour objet l'histoire de deux stations en primatologie, la station de Paimpont, en Bretagne et celle de Makokou, au Gabon. À cette époque, j'avais encadré un mémoire de master, mené par l'étudiante Laure Hoenen. Ce mémoire portait sur l'histoire du Centre de primatologie de Strasbourg qui fut créé en 1978 avec le défi de faire cohabiter éthologie (étude du comportement animal) et recherche biomédicale sur le modèle du macaque. S'offrait donc une intéressante perspective d'en savoir plus sur ces centres de recherche particuliers qui avaient comme objet l'expérimentation des primates, et dont l'histoire était encore à approfondir. Par ailleurs, dans le cadre de mes recherches, j'avais travaillé sur la naissance de la psychologie animale, en particulier simienne, en France dans la première partie du XX^e^ siècle. J'étais donc tout à fait partante pour m'engager dans le suivi du mémoire de Guillaume Rey qui viendrait enrichir l'histoire de la primatologie française « un champ qui dans sa plus grande partie reste à explorer pour des historiens encore peu nombreux », comme il le souligne dans l'introduction de son mémoire.

Le parti de Guillaume Rey est résolument historique. S'appuyant sur des archives administratives consultées aux Archives départementales d'Ille-et-Vilaine et aux Archives diplomatiques de Nantes, tout autant que des sources scientifiques primaires, l'étude de Guillaume Rey vise à une histoire, en parallèle : celle de la station biologique de Paimpont qui ouvrit ses portes en 1967 en pleine forêt de Brocéliande, et celle de la station de Makokou fondée au Gabon en 1962, deux ans après l'indépendance officielle de l'ancienne colonie française. Entre Brocéliande, forêt mythique de la légende arthurienne, et la forêt équatoriale gabonaise insérée dans le bassin du Congo, deuxième plus grand bassin fluvial au monde après celui de l'Amazone, ces deux stations semblent, à première vue, n'avoir que peu de caractères communs. Au contraire, grâce à un travail fouillé largement documenté et très éclairant, Guillaume Rey montre la manière dont les destins de ces deux stations ont été liés entre le début des années 1960 et la fin des années 1980. Stations « sœurs » comme les qualifie Guillaume Rey, ces deux stations furent créées sous les auspices d'une personnalité importante de la zoologie française de l'époque : Pierre-Paul Grassé (1895-1985), de manière directe en ce qui concerne Makokou, et de manière indirecte, par l'intermédiaire d'un ancien étudiant de Grassé, Gaston Richard, en ce qui concerne Paimpont. Unies, ces stations l'ont aussi été par d'autres chercheurs qui sont passés de l'une à l'autre, notamment la primatologue Annie Gautier-Hion (1940-2011) et son époux, le primatologue Jean-Pierre Gautier. En 1964, Annie Gautier-Hion se lance dans l'étude du plus gros singe d'Afrique, le gorille, puis son attention se porte sur l'étude d'espèces moins imposantes, les cercopithèques, en particulier le talapoin (ou singe des palétuviers), auquel la jeune chercheuse consacre sa thèse. Ce travail de longue haleine sur les cercopithèques est couronné par la publication d'un ouvrage collectif : *A primate radiation : evolutionary biology of the African guenons*, publié en 1988 aux presses universitaires de Cambridge. Non seulement le couple de primatologues oscille d'une station à l'autre, mais les pensionnaires des stations passent aussi d'un continent à l'autre. Aussi surprenant que cela puisse être, en 1969, des cercopithèques élevés à Makokou débarquent à Brocéliande à l'initiative du couple de chercheurs.

L'histoire que Guillaume Rey nous donne à lire est non seulement celle de lieux de savoirs incarnés par ces stations biologiques françaises, dont Guillaume Rey se soucie de retracer la généalogie et de rappeler l'importance dans l'essor de la biologie en France à la fin du XIX^e siècle, mais aussi celle d'hommes et de femmes qui jouèrent un rôle crucial dans le développement de la primatologie en France après la Seconde Guerre mondiale. À cette époque, comme il le souligne, « l'éthologie fait figure de parent pauvre » notamment face à la génétique qui est largement financée et qui, en 1965, surgit en pleine lumière avec l'attribution d'un prix Nobel de physiologie ou médecine à trois chercheurs français pour leurs travaux sur la régulation de l'activité des gènes. Dans la lignée du travail fondateur de Philippe Chavot sur l'histoire de l'éthologie entre 1930 et 1990, l'étude de Guillaume Rey contribue à éclairer la trajectoire tortueuse de l'éthologie française au cours du XX^e siècle. Après s'être invitées dans des territoires variés (stations de biologie marine, ménagerie, laboratoire personnel), les études sur le comportement animal trouvent une niche au Muséum national d'histoire naturelle en 1934 avec la création d'une chaire d'« Éthologie des animaux sauvages » en parallèle de l'ouverture du Zoo de Vincennes. Ce n'est cependant que dans la France de l'après-guerre, que l'éthologie, qui se cache sous l'appellation « psychophysiologie », se développe dans des centres de recherche qui lui sont spécifiquement dédiés. L'ancrage de la discipline à l'université ne se fait pas sans tensions. Grassé, figure de proue de la psychophysiologie en France, est un néo-lamarckien invétéré ce qui le rend hostile à l'éthologie de Konrad Lorenz et Nikolaas Tinbergen qui est totalement inscrite dans un schème darwinien, quand bien même cette dernière a été consacrée par un prix Nobel. Non seulement en friction avec ses collègues sur la scène internationale, Grassé allume aussi un feu de la discorde à l'échelle nationale. Les choses empirent après son départ à la retraite en 1967, puis les évènements de mai 1968. Un clivage se marque plus profondément entre l'université de Strasbourg où règne le biologiste et entomologiste Rémy Chauvin (1913-2009), professeur de psychophysiologie à la faculté des sciences, et l'université de Rennes où Gaston Richard est maître de conférences en psychophysiologie. Des différents politiques - Rennes étant à « gauche » et Strasbourg à « droite », et aussi épistémologiques parasitent les relations entre les deux cités. Chauvin, contrairement à son maître Grassé, est défenseur de l'éthologie lorenzienne, tandis que Richard est proche de l'école de psychologie américaine (behaviouriste) et des Britanniques (éthologie fondée à Oxford au début des années 1950 sous l'égide de William Thorpe et de Tinbergen).

Quelques années plus tard, le couple Gautier-Hion, formé à l'école de Grassé mais émancipé de cette figure tutélaire, et se maintenant à distance des conflits institutionnels, renvoie une image plus harmonieuse de la discipline. Guillaume Rey mobilise en particulier le cas d'Annie Gautier-Hion pour rendre compte de l'alchimie positive du couple qu'elle forme avec Jean-Pierre Gautier (à la manière d'autres fameux couples de primatologues), notamment en montrant un équilibre entre les publications communes et les publications individuelles du chercheur et de la chercheuse. Guillaume Rey s'intéresse non seulement à la place d'Annie Gautier-Hion dans son couple mais aussi sur la scène internationale. À la fin des années 1970, la communauté des primatologues apparaît comme largement féminisée comme l'illustre de manière célèbre le trio formé par Jane Goodall, Dian Fossey et Biruté Galdikas, chacune d'entre elles s'étant spécialisée dans l'étude d'un grand singe, respectivement le chimpanzé, le gorille et l'orang-outan. Ces femmes sont parmi les premières, dans le sillage du mammologiste américain George Schaller, à se lancer dans des études de terrain sur le long terme. Un résultat majeur de leurs travaux est aussi de montrer que les grands singes sont beaucoup plus proches des hommes qu'on ne le croyait auparavant. Par ailleurs, elles contribuent largement à faire de la primatologie une science populaire, notamment avec la complicité du *National Geographic* qui n'hésite pas à les mettre en première de couverture. De manière très intéressante, Guillaume Rey montre comment la Française Annie Gautier-Hion se rapproche du modèle des *Trimates*, comme on a pu aussi appeler Goodall, Fossey et Galdikas, tout en s'en démarquant. Comme Fossey isolée pendant de longs mois dans les forêts tropicales humides du Rwanda à la recherche des gorilles des montagnes, Annie Gautier-Hion montre une âpreté au travail et une résistance peu commune à poursuivre, sur de longs parcours, les cercopithèques du Gabon. De même, comme ses consœurs américaines et anglaise, Gautier-Hion a un profond souci pour la protection de l'environnement qui passe notamment par la lutte contre le braconnage et la capture des primates pour des zoos étrangers. Cependant, pour Guillaume Rey, Gautier-Hion ne peut être qualifiée de *pop primatologist* (pour reprendre le terme forgé par l'historienne des sciences américaine Georgina Montgomery) dans la mesure où, contrairement aux jeunes femmes envoyées sur le terrain par le paléoanthropologue américain Louis Leakey, Gautier-Hion n'était pas autodidacte (rappelons que Goodall était secrétaire avant de partir dans les forêts de Tanzanie et que Fossey travaillait en tant qu'ergothérapeute avant de s'embarquer pour le Rwanda), mais avait suivi un cursus de biologiste et d'éthologue dans la pure tradition française. Par ailleurs, les travaux d'Annie Gautier-Hion ne furent pas médiatisés dans des revues internationales prestigieuses, à l'instar de ceux de Goodall, Fossey et Galdikas, tout autant qu'ils n'insistèrent pas sur les ressemblances entre singes et hommes. À ce propos, Guillaume Rey souligne que les cercopithèques, objet d'étude privilégié par Gautier-Hion, ne pouvaient que difficilement rivaliser avec les grands singes : petits par leur taille, ils n'étaient pas assez proches des humains pour les rendre attractifs aux yeux d'un public avide de déceler chez les primates l'origine de l'humanité. Enfin, si Goodall et Fossey étaient hostiles à étudier des animaux en captivité et considéraient les singes qu'elles côtoyaient sur le terrain comme des personnalités auxquelles elles n'hésitaient pas à attribuer un prénom (et non un chiffre), Gautier-Hion n'avait pas d'objections à étudier des animaux captifs pour autant que leur étude expérimentale en soit facilitée. Aussi différentes ces femmes primatologues soient-elles, Rey cependant souligne un point de convergence important : leur lien respectif avec le Royaume-Uni. Pendant toute la durée de leur travail sur le terrain, Goodall et Fossey furent rattachées à la station de Madingley de l'université de Cambridge et décrochèrent de cette prestigieuse université, respectivement en 1965 et en 1974, un PhD encadré par le zoologiste et pionnier de l'éthologie, Robert Hinde (1923-2016). Pour la Française, le lien avec l'Angleterre fut aussi capital : il passa par sa relation professionnelle avec Jonathan Kingdon de l'université d'Oxford et se concrétisa sous la forme d'un ouvrage collectif cité plus haut.

Guillaume Rey ne se contente pas de parler des élites scientifiques, qu'elles soient masculines ou féminines. Il parle aussi des invisibles, de ceux qui ont laissé peu de traces, de surcroît souvent difficilement accessibles, dans l'histoire. La démarche est ambitieuse et s'inscrit en porte-à-faux d'une historiographie qui a largement oublié les populations colonisées ou en a principalement fait mention de manière péjorative, en emboîtant le pas à des écrits scientifiques imprégnés de l'idéologie coloniale et implicitement de la dominance des savoirs occidentaux sur les savoirs locaux. Ici, Guillaume Rey met en évidence comment les Gabonais participent aux pratiques scientifiques même s'ils ne sont que très rarement mentionnés, *a fortiori* nommés, dans les publications des scientifiques français. Guillaume Rey insiste aussi sur la manière dont les savoir-faire et savoirs locaux, notamment liés la connaissance de la faune et de la flore locale, contribuent à l'élaboration des savoirs occidentaux. Ainsi, sur le terrain gabonais, le primatologue français Claude Marcel Hladik maîtrise des termes bantous afin de mieux comprendre la flore locale et ainsi faciliter sa connaissance des régimes alimentaires des primates. Guillaume Rey cite aussi les savoirs des chasseurs africains qui non seulement participent à la capture d'animaux vivants mais aussi effectuent des gestes techniques sur des animaux morts, notamment lorsqu'il s'agit d'extraire des estomacs afin d'identifier leurs contenus. En un mot, Guillaume Rey essaie d'éclairer le rôle des Africains dans l'histoire de la primatologie franco-gabonaise, tout en précisant que le rôle des chercheurs gabonais se développera après l'indépendance, au fur et à mesure que le Gabon gagnera son autonomie.

Si l'étude de Guillaume Rey rend compte d'une histoire institutionnelle et disciplinaire de la primatologie française de la seconde partie du XX^e^ siècle, tout autant qu'elle met en lumière la sociologie des hommes et des femmes qui ont permis le développement de cette discipline, elle est aussi largement nourrie par des réflexions épistémologiques. Les stations de Paimpont et de Makokou apparaissent comme un prisme à travers lequel étudier la manière de « faire science » en primatologie et identifier les registres épistémologiques propres à ce champ de savoirs. La particularité des stations, comme le montre de manière très convaincante Guillaume Rey, est, en effet, de favoriser l'hybridation des savoirs issus d'une démarche expérimentale à l'intérieur du laboratoire et ceux issus d'une démarche d'observation en pleine nature, sans intervention humaine. Les travaux d'Annie Gautier-Hion fournissent à Guillaume Rey un bel exemple pour illustrer cette hybridation épistémologique entre laboratoire et terrain, et, plus précisément, pour étudier la manière dont les critères de laboratoire (contrôle, répétition, quantification) sont importés sur le terrain gabonais. Là encore, Guillaume convoque d'autres figures scientifiques pour mettre en perspective historique la démarche de la Française. Au début des années 1930, le primatologue américain Clarence Ray Carpenter (1905-1975) chercha à rendre mesurables les comportements simiens et à quantifier le plus possible les informations collectées sur le terrain. Après Carpenter, la primatologie de terrain prit un tournant quantitatif encore plus marqué. Dans les années 1960-1970, le couple américain Jeanne et Stuart Altmann firent des mathématiques appliquées un nouvel outil de la primatologie de terrain, comme l'illustrèrent brillamment leurs études sur le comportement de babouins observés dans le Parc Amboseli au Kenya. Pour Guillaume Rey, s'il est clair que les travaux d'Annie Gautier-Hion et de ses collègues de Makokou n'ont pas l'ampleur de ceux menés par les Altmann, ils n'en reposent pas moins sur un traitement statistique des données de terrain comme l'attestent les nombreuses formules mathématiques et calculs qui figurent dans leurs publications. Ainsi, comme l'écrit Guillaume Rey, les chercheurs de Makokou, comme les Altmann, partagent une même « culture mathématisante ».

Si Annie Gautier-Hion étudie les primates dans le « *real world* » pour reprendre une expression de Jeanne Altmann, elle ne délaisse pas le laboratoire. Ce dernier, qu'il soit à Makokou ou à Paimpont, pallie les obstacles du terrain, de même qu'il garantit un accès théoriquement illimité aux données. Il aide aussi à préciser les données recueillies sur le terrain où les causes de certains comportements ne sont pas toujours faciles à mettre en évidence. C'est le cas de l'aptitude à la nage du talapoin. Les enclos gabonais permettent de savoir que les talapoins nagent par plaisir, par jeu et pas seulement lorsqu'ils se sentent menacés, comme l'indiquent des observations dans la nature. Souvent aussi, il y a imbrication entre laboratoire et terrain, comme le montrent des études réalisées sur les corrélations entre dimorphisme sexuel et vie sociale de sept espèces de cercopithèques, dont le talapoin. Ainsi, la station de Makokou porte en elle à la fois l'idée de terrain en étant située au cœur de la forêt africaine et celle du laboratoire en privilégiant l'étude d'animaux en captivité. Guillaume Rey réussit magistralement à nous montrer comment la station gabonaise participe d'une « *lab-field border zone* » où s'opèrent des allers et retours fructueux et complémentaires entre laboratoire et terrain, tout autant qu'il montre de manière pertinente comment les Gautier-Hion incarnent une « primatologie de compromis. »

La question de la frontière entre laboratoire et terrain renvoie à une thématique plus large de cette étude : celle de la frontière qui sépare l'animalité de l'humanité et qui est au fondement même de la primatologie, mais aussi celle qui sépare la métropole de la colonie. À ce propos, et comme en écho à ce que l'anthropologue Vincent Leblan appelle une « frontière coloniale homme/animal », Guillaume Rey n'oublie pas de souligner le caractère inégalitaire des rapports entre les deux stations de primatologie. Comme il l'écrit, le Gabon est fournisseur de matière première (ici les singes) ; de même, il souligne le rôle d'institutions occidentales dans les captures souvent accompagnées du massacre d'animaux et le commerce de la faune et va jusqu'à soulever la question du rôle des primatologues dans la fragilisation de ces populations animales (via un encouragement indirect ou non du braconnage) ou, au contraire, de leur protection. On touche ici à une histoire environnementale qui pourrait prolonger de manière très intéressante ce travail remarquable. De même, et comme nous y invite Guillaume Rey en conclusion, une modification de focale qui ferait de l'animal un agent et non un simple objet de l'« histoire humaine » permettrait de contribuer à ce que l'historien Éric Baratay appelle de ses vœux : une « histoire animale ». Ainsi, les singes de Makokou et de Paimpont deviendraient les agents d'une « histoire animale » de ces stations. Le défi est tenable, car comme l'indique Guillaume Rey, les sources qui lui ont permis d'écrire l'« histoire humaine » de ces deux stations regorgent de « traces animales ». Dans un registre historiographique plus classique, le travail sur Paimpont et Makokou pourrait appeler des études comparées avec d'autres stations de primatologie en France (ex : le Centre de primatologie de Strasbourg), en Europe (ex : le Deutsches Primatenzentrum fondé en 1977, à Göttingen, en Allemagne), dans d'anciens territoires coloniaux (ex : l'Institut Pasteur de Kindia, fondée en 1922 en Guinée française), mais aussi à l'échelle mondiale (ex : le Centre national de recherche sur les primates Yerkes, à Atlanta, en Géorgie, fondé en 1929 initialement à Orange Park, Florida, le Duke Lemur Center, fondé en 1966 en Caroline du Nord, le Japan Monkey Center, fondé en 1956 à Nagoya, au Japon, le centre de primates de Sokhumi, fondé en 1927 en URSS, désormais en République d'Abkhazie, etc).

Guillaume Rey nous donne donc à lire une étude riche et captivante qui, non seulement éclaire un pan de l'histoire de la primatologie française, mais aussi ouvre sur de nombreuses pistes de recherche prometteuses. Servie par un style élaboré, cette étude témoigne clairement de la connaissance approfondie et de la passion de Guillaume Rey pour son sujet. En 2019, peu de temps après avoir soutenu avec succès son mémoire, Guillaume Rey s'est lancé dans une nouvelle recherche. Son projet est d'analyser les travaux du primatologue catalan Jordi Sabater Pi (1922-2009) à travers le prisme des cultures simiennes, afin d'interroger plus généralement la frontière homme-animal. Cette étude, resserrée autour de la thématique des cultures animales, devrait conduire à l'écriture d'une double biographie, à la fois celle de Sabater Pi, naturaliste autodidacte puis universitaire, mais aussi celle des primates qui furent liés à sa carrière. Parmi eux, le fameux gorille albinos, Copito de Nieve, ramené par Sabater Pi de Guinée équatoriale au jardin zoologique de Barcelone dont il deviendra la mascotte. On souhaite à Guillaume de pouvoir mener à bien ce nouveau projet qui s'annonce passionnant, et qui viendra enrichir l'histoire de la primatologie.

**Marion Thomas**

**Maître de conférences en histoire des sciences**

**Université de Strasbourg**

# Introduction

Dans l'histoire des sciences des deux derniers siècles, l'usage du mot « station » est fréquent pour désigner des structures diverses : stations de biologie marine en France et à Naples[1], stations astronomiques d'Alger et de Tamanrasset[2], station de recherche d'Ikunde en actuelle Guinée équatoriale[3], stations ornithologiques de Madingley et Leyde, stations du Wilhelminenberg, des Eyzies, de Woods-Hole[4]... En éthologie et par extension en primatologie, la notion a une dimension toute particulière dans la mesure où la station constitue un « lieu hybride », offrant la possibilité d'un compromis méthodologique entre terrain et laboratoire, c'est-à-dire d'observer des comportements animaux naturels tout en respectant les exigeants critères de validité des sciences expérimentales[5]. Il n'y a pas une station mais des stations qui diffèrent les unes des autres suivant un certain nombre de

---

[1] Fischer Jean-Louis (2002), « Création et fonctions des stations maritimes françaises », *La revue pour l'histoire du CNRS*, n° 7.

[2] Soulu Frédéric (2018), « Observatoires français dans l'Algérie coloniale : forme et spatialité », *Cahiers François Viète*, sér. III, n° 4, p. 61-92.

[3] Hochadel Oliver (2018), « Floquet de Neu, l'únic goril.la albí », dans Borja de Riquer (dir.), *Història mundial de Catalunya*, Barcelone, Edicions 62, p. 849.
Antebi Arnó Andrés, González Morandi Pablo, López Bargados Alberto, Martín Corrales Eloy (2017), « Ikunde. La petjada barcelonina en l'espai colonial », dans Manuel Delgado Ruiz (éd.), *Ikunde. Barcelona, metròpoli colonial*, Barcelone, Adjuntament de Barcelona, p. 187-225.

[4] Chavot Philippe (1994), *Histoire de l'éthologie. Recherches sur le développement des sciences du comportement en Allemagne, Grande-Bretagne et France, de 1930 à nos jours*, thèse de doctorat, université de Strasbourg.
Dans cette seule thèse, on trouve 140 occurrences du mot « station ».

[5] Voir notamment Thomas Marion (2010), « 12. Entre laboratoire et terrain : les recherches sur le comportement animal au début du XX$^{e}$ siècle », dans Florence Burgat (dir.), *Penser le comportement animal*, Édition Quae, p. 299-301.

paramètres mais qui présentent des similitudes qui permettent de les regrouper sous leur appellation commune. Du latin *statio*, « fait de demeurer droit, immobile », le terme a évolué vers différentes acceptions comme « poste » militaire, « mouillage, port », « résidence d'un fonctionnaire » impérial, il désigne en français dès le XII^e siècle un « lieu où l'on se fixe », puis un « lieu où l'on se place pour faire des observations » et enfin au XIX^e siècle un « établissement de recherches scientifiques[6] ». Nous nous appuyons sur cet ensemble pour proposer la définition suivante : structure aménagée, publique ou privée, relativement à l'écart du monde, dans laquelle séjournent plus ou moins longuement un ou des scientifiques et dont l'emplacement facilite leur travail d'observation.

La primatologie est la discipline scientifique qui étudie les primates, qui, littéralement, produit un discours sur eux. À ce sujet, nous ne ferons pas non plus l'économie d'un bref voyage dans le temps. Au IV^e siècle avant J.-C., Aristote écrit que « certains animaux ont une nature intermédiaire entre celle de l'homme et celle des quadrupèdes, par exemple les singes *[pitekoi]*, les cèbes *[keboi]*, les cynocéphales[7] *[kynokephaloi]* ». Leur connaissance par les Européens évolue ensuite très lentement avant de s'accélérer au XIX^e et surtout au XX^e siècle, siècle au cours duquel elle semble prendre son nom actuel. Mais qu'est-ce qu'un singe ? Qu'est-ce qu'un primate ? Dans le cadre de ses travaux de classification du vivant, Carl von Linné réunit en 1735 l'homme, le singe et le paresseux dans l'ordre des *Anthropomorpha* puis crée l'ordre des primates en 1758, c'est-à-dire les « premiers » parmi les êtres, dans la dixième édition de son *Système de la nature*[8]. L'ordre regroupe en 1793

---

[6] « Station », dans rubrique « Étymologie », Centre national de ressources textuelles et lexicales (CNRTL), en ligne www.cnrtl.fr

[7] Respectivement les magots, divers singes à queue et les babouins.
Citation d'Aristote *Histoire des animaux*, t. 1, livres I-IV.
Ducros Albert et Jacqueline (2001), « La découverte des grands singes ou le parent retrouvé », dans Yves Coppens, Pacal Picq (dir.), *Aux origines de l'humanité, Tome 2. Le propre de l'homme*, Fayard, p. 30.

[8] Référence à Linné *Systema Naturae*, 10^e édition corrigée, Holmiaem Impesis Laurentii Salvii, 2 vol.
*Ibid.*, p. 47-48.

l'homme, les singes, les lémuriens et les chauves-souris[7]. Plus de deux siècles plus tard, Annie Gautier-Hion, qui, nous le verrons, est l'un des principaux personnages de notre histoire, affirme la chose suivante : « Il y a entre 220 et 240 espèces de primates, depuis les lémuriens de 60 grammes jusqu'aux gorilles de 200 kilos. On ne peut pas parler de singe[8] ! ». Pourtant, et malgré tout, ce sont sur ces singes et ces lémuriens que les primatologues concentrent à peu près exclusivement leurs efforts à l'époque qui nous intéresse. C'est pourquoi nous continuerons d'employer l'expression « singe » par commodité tout en prenant en compte la diversité qu'elle renferme et les limites de la systématique qu'elle touche.

Ces quelques précisions préalables étant désormais données, venons-en plus précisément aux stations de Makokou et Paimpont durant les décennies 1960, 1970 et 1980. Il devait s'agir, au départ, de ne s'intéresser qu'à Paimpont mais, dès le traitement des premières sources, il s'est avéré impensable de faire l'impasse sur Makokou. Un tableau très synthétique, voire grossier (tableau 1), permettra de faire ressortir les raisons du choix de traiter ensemble la vie des deux établissements et celui de nos bornes temporelles.

| **MAKOKOU[11] (Gabon)** | **PAIMPONT (France)** |
| --- | --- |
| **1957 :** Pierre-Paul Grassé séjourne à Makokou[12]. | **1957 :** Gaston Richard, de l'université de Rennes et ancien étudiant de Grassé, entame des démarches en vue de la |

[7] « Primate », dans rubrique « Étymologie », CNRTL, en ligne www.cnrtl.fr
[8] Citation d'Annie Gautier-Hion.
Jourdaa Frédérique (1999), « Annie-Gautier-Hion, la dame de Paimpont », *La Recherche*, mensuel 324.
[11] Sauf autre indication, les informations de cette colonne viennent de : IRET/ECOTROP (CNRS) (1987), *Makokou, Gabon. Une station de recherche en écologie forestière tropicale. Présentation et publications (1962-1986)*, Organisation des Nations unies, p. 7.
[12] Compte-rendu de la mission du conseiller culturel de l'ambassade de France dans l'Ogooué-Ivindo du 05 au 08/12/1970.
CADN ; 364PO/1 ; 312 ; « CNRS. Laboratoire de primatologie et d'écologie équatoriale de Makokou. 1967-80 »

| | |
|---|---|
| **1962 :** Création de la « mission biologique » par le CNRS sous l'impulsion de Grassé.<br>**1964 :** Annie Hion, étudiante de Gaston Richard, est recrutée par Grassé et se rend sur place pour étudier les primates. | construction de la station biologique[11]. |
| **1965 :** Jean-Pierre Gautier la rejoint[9]. | **1965 :** Début des travaux au lieu-dit Beauvais. |
| **1967-1969[10] :** La « mission biologique » devient « Laboratoire de primatologie et d'écologie équatoriale ». Construction d'une nouvelle station au lieu-dit Ipassa. | **1967 :** Ouverture de la station[12].<br>**1969 :** Gautier et Gautier-Hion transfèrent l'élevage de singes de Makokou à Paimpont. |
| **1979 :** La station devient l'« Institut de recherche en écologie tropicale » (IRET) et est rattachée au Centre national de la recherche scientifique et technique du Gabon (CENAREST)<br>**1983 :** Inscription au réseau mondial constitué par l'UNESCO de la réserve d'Ipassa comme « réserve de la biosphère ». | |
| | **1985 :** Un colloque international sur les *cercopithecinae* forestiers est organisé dans la station par Gautier et Gautier-Hion. |

[9] Gautier Jean-Pierre (2018), *Historique de la formation et du développement de l'équipe de primatologie de l'Université de Rennes – CNRS – Mission Biologique au Gabon – Station Biologique de Paimpont*, témoignage personnel non publié, reçu le 15/10/2018.

[10] La date de 1969 semble être la date de début d'utilisation de la nouvelle station, en interprétant la formulation dans IRET/ECOTROP (CNRS) (1987), *op. cit.*, mais la date de 1967 est la date de signature de la convention qui permet cette nouvelle installation.
Convention entre le gouvernement français, pour le CNRS, et le gouvernement gabonais signée le 09/03/1967.
CADN ; 364PO/1 ; 312 ; « CNRS. Laboratoire de primatologie et d'écologie équatoriale de Makokou. 1967-80 »

[11] Philippe Chavot (1994), *op. cit.*, p. 448-449.

[12] Encyclopédie de Brocéliande (EB) (2016-2018a), « La station biologique de Paimpont », *Encyclopédie de Brocéliande*, en ligne https://broceliande.brecilien.org

| | |
|---|---|
| | **1988 :** Publication, suite au colloque de l'ouvrage *A primate radiation : evolutionary biology of the African guenons* par les presses universitaires de Cambridge[13]. |

**Tableau 1** : Chronologie événementielle sommaire sur la période 1962-1988

Il est aisé de constater que les histoires des deux stations et des principaux protagonistes, promoteurs des stations et premiers primatologues y travaillant, sont imbriquées. En effet, Grassé, Richard et le couple Gautier-Hion-Gautier sont liés les uns aux autres par divers types de relations professionnelles et personnelles. De plus, les singes et la primatologie en tant que telle ne doivent leur simple existence à Paimpont qu'à certains de ces liens, existence qui ne fait alors sens, sur la période, que dans le cadre du parcours de ces scientifiques. Bien qu'il soit avantageux pour nous de pouvoir mettre côte à côte une station africaine « de terrain » et une station de « métropole », ce travail n'est donc pas à proprement parler un travail comparatif, mais exprime plutôt la prise en compte d'une réalité qui serait amputée si la station de Paimpont était seule prise en compte par exemple. Par ailleurs, il nous a semblé pertinent de faire commencer notre étude autour des dates de fondation des stations et de l'arrêter de manière à prendre en considération un nombre d'années qui soit significatif pour mettre en évidence une évolution, mais restreint pour ne pas nuire à la qualité d'une recherche effectuée dans un temps limité. Les années 1980 marquent aussi selon nous un « changement d'époque », propice au découpage historique, à l'échelle des stations puisque d'une part la station de Makokou est nationalisée par le Gabon, ce qui coïncide avec un désinvestissement progressif du côté français et une recherche de nouveaux partenariats

[13] Gautier Jean-Pierre (2018), *op. cit.*
Gautier-Hion Annie, Bourlière François, Gautier Jean-Pierre, Kingdon Jonathan (éds.) (1988), *A primate radiation : evolutionary biology of the African guenons*, Cambridge University Press.

internationaux du côté de la jeune république ; d'autre part, la tenue d'un colloque sur leurs terres bretonnes suivi de la publication d'un ouvrage collectif de grande qualité marque le couronnement de vingt ans d'effort et une indiscutable reconnaissance internationale pour ceux qui ont porté le projet, une heureuse fin de chapitre en somme.

Les questions qui se posent sont multiples. À quoi ressemble une station ? Comment en est-on venu à accueillir, en pleine forêt de Brocéliande, un centre de primatologie à une époque où il n'en existe nulle part en métropole ? Pour quelles raisons une station biologique française a-t-elle vu le jour au Gabon au lendemain de son indépendance ? Quels en sont les enjeux politiques ? Quelle place laisse-t-on aux Africains ? En prolongeant l'idée voulant que les singes soient considérés comme un groupement d'espèces intermédiaires entre les humains et le reste du vivant, à l'instar d'une large bande de territoire frontalier, on peut considérer que les primatologues comptent parmi les scientifiques qui rendent possible l'établissement d'un contact entre les deux côtés. Les stations sont-elles alors des structures qui marquent matériellement le lieu où un passage peut se faire ? Sans nécessairement souscrire à cette configuration très imagée dans sa totalité, il est indéniable qu'une station est un point de contact interspécifique dans laquelle et autour de laquelle se côtoient plusieurs populations humaines et animales. Quelles sont ces populations ? Quelles sont les modalités de leurs interactions ? Qui sont les primatologues ? En quoi consiste précisément leur travail ? Quels sont leurs thèmes de recherches, leurs gestes quotidiens, leurs itinéraires ? Pourquoi promeut-on la primatologie ? Comment situer la France, représentée par les chercheurs de Makokou et de Paimpont, dans le domaine ? Les stations sont-elles le meilleur moyen de connaître scientifiquement les primates ? Toutes ces questions, dans un ordre ou dans un autre, sont l'objet de ce texte.

Plusieurs approches, largement entrelacées les unes dans les autres, permettent d'envisager l'historiographie dans le sillage de laquelle nous souhaitons nous inscrire. La première, qui peut paraître la plus évidente, est celle qui s'appuie sur l'histoire de l'étude des primates du point de vue des institutions occidentales et des « grandes » figures. Ainsi, il nous faut citer la thèse de Philippe Chavot : *Histoire de l'éthologie. Recherches sur le développement des sciences du comportement en Allemagne, Grande-Bretagne et France, de 1930 à nos jours* [14]. Autres travaux majeurs, concernant cette fois directement la primatologie, plus particulièrement états-unienne : les écrits de Donna Haraway [15] et sans doute davantage ceux de Georgina M. Montgomery dont le livre *Primates in the real world. Escaping primate folklore and creating primate science* éclaircit des pans entiers à la fois de l'histoire, de la méthodologie et de l'épistémologie de la discipline[16]. L'écriture de l'histoire de la primatologie française est récente et pour ainsi dire en cours d'exécution mais a déjà donné lieu à des publications de la part de Marion Thomas sur l'émergence de ce qui s'appelle alors la psychologie animale[17]. Les recherches de plusieurs chercheurs – Violette Pouillard, Vincent Leblan, Oliver Hochadel, Laure Hoenen – portant sur la capture des singes et leur accueil dans les parcs zoologiques, les

---

[14] Philippe Chavot (1994), *op. cit.*

[15] Voir par exemple Haraway Donna (1991), *Simians, Cyborgs and Women: The reinvention of Nature*, New York, Routledge.
Traduction française par Oristelle Bonis (2009) : *Des singes, des cyborgs et des femmes : La réinvention de la nature*, Actes Sud.

[16] Montgomery Georgina M. (2005), « Place, Practice and Primatology: Clarence Ray Carpenter, Primate Communication and the Development of Field Methodology », Journal of the History of Biology, vol. 38, n° 3, p. 495-533.
Montgomery Georgina M. (2015), *Primates in the Real World. Escaping Primate Folklore and Creating Primate Science*, Charlotteville & London, University of Virginia Press.
Voir aussi Herzfeld Chris (2018), *The great apes. A short story*, New Haven & London, Yale University Press.

[17] Thomas Marion (2008), « Histoire de la psychologie animale : la question de l'intelligence animale en France et aux États-Unis au début du XX^e^ siècle », *L'Homme & la société*, n° 167-168-169, p. 223-250.
Thomas Marion (2017), « Entre Paris et les Tropiques, le rôle inattendu des Instituts Pasteur dans la naissance de la psychologie animale pendant la période coloniale », *Revue de primatologie*, 8.

laboratoires et les stations ainsi que la question de leur commerce ont aussi leur importance[18].

La deuxième approche est celle consistant à considérer la même histoire du point de vue des relations qu'entretiennent les humains avec les singes. Albert et Jacqueline Ducros parlent de la découverte des grands singes comme d'une rencontre avec un « parent », faisant le lien entre histoire des sciences et évolution des idées[19]. D'autres auteurs vont plus loin dans la démarche en renversant le rapport homme-animal. En d'autres termes, ils proposent d'appréhender les animaux comme des sujets capables d'avoir une influence sur le cours des événements et les phénomènes qui touchent les humains. Angela Cassidy, Rachel Mason Dentinger, Kathryn Schoefert et Abigail Woods défendent cette idée en histoire de la médecine dans un article qui, parmi quatre études de cas, traite de cette manière la question du rachitisme des singes du zoo

---

[18] Pouillard Violette (2011), « Le jardin zoologique et le rapport à la faune sauvage : gestion des "collections zoologiques" au zoo d'Anvers (1843-vers 2000) », *Revue belge de philologie et d'histoire*, tome 89, fasc. 3-4, p. 1193-1231.
Pouillard Violette (2015), « Vie et mort des gorilles de l'est (*Gorilla Beringei*) en captivité (1923-2012) », *Revue de synthèse*, tome 136, 6e série, p. 375-402.
Leblan Vincent (2018), « Une frontière coloniale homme/singe. Captures des chimpanzés et fabrique des identités raciales à l'Institut Pasteur de Kindia, Guinée française, 1920-1930 », dans Dominique Juhé-Beaulaton, Vincent Leblan (dir.), *Le spécimen et le collecteur. Savoirs naturalistes, pouvoirs et altérités (XVIIIe-XXe siècles)*, Paris, Muséum d'Histoire naturelle, p. 385-427.
Hochadel Oliver (2010), « Darwin in the Monkey Cage. The Zoological Garden as a Medium of Evolutionary Theory », dans Dorothee Brantz (éd.), *Beastly Natures. Animals, Humans, and the Study of History*, Charlotteville & London, University of Virginia Press, p. 81-107.
Hoenen Laure (2017), « Du macaque rhésus au macaque fascicularis : le refus de l'Inde de l'exportation de ses rhésus (1970-1990) », *Revue de primatologie*, 8.
[19] Ducros Albert et Jacqueline (2001), *op. cit.*
Ducros Albert et Jacqueline (1989), « De la découverte des grands singes à la paléo-éthologie humaine », *Bulletins et mémoires de la société d'anthropologie de Paris*, nouvelle série, tome 1, fasc. 3-4, p. 301-320.
Ce type de travail ne se limite pas aux singes : voir Munz Tania (2016), *The Dancing Bees: Karl Von Frisch and the Discovery of the Honeybee Language*, University of Chicago Press.

et des plans, qui nous fournissent des éléments sur la construction et l'aménagement de la station biologique dans son ensemble et sur l'élevage des cercopithèques. Le Centre des archives diplomatiques de Nantes[29] nous offre quant à lui la possibilité de consulter les fonds rapatriés de l'ambassade de France au Gabon ainsi que de la mission de coopération et d'action culturelle à Libreville. On y trouve des documents nombreux et variés au sujet de la station de Makokou de même que des données se rapportant à la politique intérieure du gouvernement gabonais et surtout aux relations internationales entre le Gabon et la France, à travers le gouvernement ou le CNRS, et des partenaires tels que l'UNESCO en matière de développement scientifique et technique. Les primatologues et autres scientifiques ayant résidé dans l'une ou l'autre des deux stations sont les signataires d'une grande quantité d'articles dans des revues spécialisées et de quelques livres. Nous avons sélectionné un échantillon de ces textes, dont les publications s'étalent sur toute la période 1962-1989 et plus rarement au-delà. Nous ne nous sommes concentrés que sur une poignée de chercheurs et la proportion des textes pris en compte au regard de l'ensemble nous interdit toute généralisation, pour autant ceux-ci n'en constituent pas moins une mine d'informations pour la richesse des sujets traités et des résultats obtenus mais aussi pour ce qu'ils dévoilent des méthodes et des conditions de travail de leurs auteurs. En complément de tout cela, nous avons pu accéder à des documents épars – textes, photographies, reportages télévisés, fiches... – partagés en ligne par l'Encyclopédie de Brocéliande[30], la presse régionale, la station biologique de Paimpont, l'INA ou encore les Archives nationales d'outre-mer.

Nos sources secondaires sont essentiellement historiennes, mais sont complétées par des représentants d'un petit éventail d'autres disciplines reliant les sciences sociales aux sciences naturelles et à la philosophie. La constitution de notre

[29] Nous utiliserons le sigle ADIV pour les Archives départementales d'Ille-et-Vilaine et CADN pour le Centre des archives diplomatiques de Nantes.
[30] Nous emploierons le sigle EB pour l'Encyclopédie de Brocéliande.

bibliographie devait en première urgence répondre à la nécessité de combler nos lacunes en termes d'histoire de la primatologie, de l'éthologie et plus largement de la biologie. Une partie des auteurs dont il est question sont cités plus haut. La lecture de textes purement éthologiques adressés au grand public s'est également avérée utile pour établir un socle de savoirs sur les primates qui nous faisait défaut. Nous pouvons nommer *Gorilles dans la brume* de Dian Fossey[31] et *Le propre de l'homme*, ouvrage collectif dirigé par Pascal Picq et Yves Coppens[32] – auquel a participé notamment Claude-Marcel Hladik, autre protagoniste de notre histoire –, qui ont été un point de départ précieux. Dans un autre registre, nous avons pu prendre appui sur le bagage de connaissances et d'habitudes de travail hérité de notre parcours universitaire antérieur. Cela concerne les questions de relations internationales et plus directement l'histoire africaine, la situation coloniale et dans une moindre mesure l'anthropologie, apports qui ont grandement facilité la menée d'une partie de nos recherches.

L'analyse de l'ensemble de ces sources nous conduit à développer notre récit sur quatre axes. Notre première partie consiste en l'examen des contextes breton et gabonais où s'établissent les deux stations biologiques du point de vue de la géographie et des politiques scientifiques en lien avec des dynamiques internationales contemporaines. La deuxième poursuit, et dépasse, la contextualisation de notre sujet en décrivant à partir du XIXe siècle les étapes qui conduisent au développement de la primatologie en France. Une attention particulière est portée sur la primatologue Annie Gautier-Hion (1940-2011). Dans un troisième temps, c'est la vie et le travail concret au sein des stations qui est questionné en détail : la place qu'y occupent la primatologie et les primates, les conditions d'accueil, les méthodes d'investigations, les enjeux scientifiques et techniques qu'impliquent les excursions sur le

---

[31] Fossey Dian (1983), *Gorillas in the mist*, Boston, Houghton Mifflin Company. Traduction française (1984) : *Gorilles dans la brume*, Presses de la Cité.

[32] Coppens Yves, Picq Pacal (dir.) (2001), *Aux origines de l'humanité, Tome 2. Le propre de l'homme*, Fayard.

terrain, la captivité des animaux et le laboratoire. Enfin, nous mettons en avant une catégorie d'acteurs souvent négligée : les habitants historiques des deux régions, qui interagissent effectivement avec les primatologues dans une relation qui évolue.

# I.

# DE BROCÉLIANDE À LA FORÊT ÉQUATORIALE : QUELS CONTEXTES POUR DEUX STATIONS SŒURS ?

Les stations auxquelles nous avons affaire sont, nous l'avons vu, liées entre elles par les parcours et les choix de leurs fondateurs et de leurs premiers primatologues. Du point de vue exclusif de la primatologie, elles naissent, si l'on peut dire, de mêmes « parents » même si très tôt des chercheurs, en provenance d'autres laboratoires que ceux de Rennes ou Paimpont, viennent étudier les primates à Makokou[1]. Notre intention est de nous intéresser aux contextes qui ont permis aux deux lieux d'apparaître et, apparemment, de perdurer et d'évoluer. Ces contextes seront établis séparément mais pas parallèlement. En effet, il n'est pas question de dresser un tableau comparatif minutieux, lequel n'aurait que peu de pertinence. Des ressemblances peuvent être mises en avant dans la mesure où nous sommes en présence de structures implantées dans deux régions, la Bretagne et l'Ogooué-Ivindo, qui se situent à plusieurs centaines de kilomètres de la capitale de leur pays et qui connaissent dans leur histoire des épisodes de résistance contre la domination venue de l'extérieur, en l'occurrence française. Mais bien qu'il ne soit pas nécessairement faux de dire que la Bretagne

---

[1] En 1970, en même temps que les Gautier, Pierre Charles-Dominique et Claude-Marcel Hladik y préparent leur doctorat d'État.
Compte-rendu de la mission du conseiller culturel de l'ambassade de France dans l'Ogooué-Ivindo du 05 au 08/12/1970.
CADN ; 364PO/1 ; 312 ; « CNRS. Laboratoire de primatologie et d'écologie équatoriale de Makokou. 1967-80 »

« se distingue d'abord par cette résistance à la sujétion, une soif de reconnaissance, une fièvre identitaire[2]... » ou de parler à son propos de mécanismes coloniaux à l'œuvre, comme on le fait plus aisément pour le Gabon[41], il n'est pas judicieux de pousser plus avant ce genre de comparaison pour la question qui nous occupe ici.

Nous nous situons au début des années 1960, moment où les réalités régionales dont nous parlons sont trop différentes pour nous risquer à des analogies potentiellement trompeuses. Pour des raisons peut-être d'ordre « esthétique », il est pourtant tentant de souligner le fait que Makokou et Paimpont se situent dans des zones forestières et que ce sont de forêts illustres qu'il s'agit. La forêt de Brocéliande est connue pour les mythes et la littérature qu'elle inspire depuis longtemps[3] et d'aucuns peuvent s'amuser de la voir abriter des singes « en plus des elfes et des korrigans », « sur les terres de Merlin[4] ». La forêt gabonaise où se trouve Makokou n'est qu'une partie de l'immense ensemble appelé Bassin du Congo, en d'autres termes l'un des plus grands massifs forestiers du monde, le deuxième en zone tropicale après l'Amazonie[44]. Il est permis d'imaginer que pour des primates issus d'espèces dont la plupart sont arboricoles, la vue et l'odeur des arbres ne sont pas une condition d'adaptation saugrenue même si la flore et le climat diffèrent grandement d'un pays à

---

[2] Cornette prend l'exemple de la répression contre l'usage de la langue bretonne à l'école, d'où la résistance.
Cornette Joël (2005), *Histoire de la Bretagne et des Bretons*, tome 1, Points, p. 10-11.

[41] Voir Thiesse Anne-Marie (1999), *La création des identités nationales*, Seuil.

[3] Voir Walter Philippe (dir.) (2002), *Brocéliande ou le génie du lieu*, Presses universitaires de Grenoble.

[4] Stent Kate, « En forêt magique de Brocéliande, les singes parlent », *Ouest France*, édition modifiée le 26/09/2013, en ligne www.ouest-france.fr/en-foret-magique-de-broceliande-les-singes-parlent-70001
En fait, la forêt de Paimpont devient la mythique « Brocéliande » dans les années 1820 dans un contexte de renaissance identitaire et culturelle bretonne. Cornette Joël 2005, *op. cit.*, tome 2, p. 295.

[44] Tchatchou Bérenger, Sonwa Denis J., Ifo Suspense, Tiani Anne Marie (2015), *Déforestation et dégradations des forêts dans le Bassin du Congo. État des lieux, causes actuelles et pespectives*, Centre de recherche forestière internationale (CIFOR), p. VIII.

l'autre. Tout ceci étant dit, si les contextes d'implantation des deux stations ont des caractéristiques en commun, cela tient surtout au fait qu'elles sont des stations et doivent donc remplir certains critères comme celui de se situer de préférence « à l'écart du monde ». Nous y reviendrons.

Ce que nos deux stations ont également en commun, c'est d'être toutes deux, à leur création, dépendantes du même complexe scientifique national français. Le centre de Paimpont est lié à l'université de Rennes et celui de Makokou directement au CNRS. Pourquoi alors ne pas nous placer à ce niveau-là dans notre entreprise de contextualisation ? Une station est un établissement qui a une existence physique dont la localisation, l'intégration à un territoire, lui est vitale. Ce territoire, pour faire sens, ne peut être délimité trop largement. Il nous semble par conséquent que le cadre national, sans devoir être occulté en tant que facteur explicatif, ne doit pas être considéré ici comme une catégorie d'analyse première. Il ne peut être traité sur le même plan pour Paimpont et pour Makokou. Ainsi, nous réfléchissons dans le cas de Paimpont à l'implantation de la station biologique, puis de la primatologie en son sein, en Bretagne. La Bretagne est entendue ici comme une « région scientifique » tout à fait française qui présente une cohérence interne et qui a ses spécificités, au même titre que d'autres régions de France ont les leurs, en termes de développement scientifique et d'influence à l'échelle du reste du pays et de la communauté universitaire occidentale. Dans le cas de Makokou, c'est à partir des situations coloniale et postcoloniale que nous organisons notre pensée. En effet, la période 1962-1979 notamment, c'est-à-dire les dix-sept années de gouvernance française de la station, est marquée par la poursuite du processus de décolonisation du Gabon. Indépendant officiellement en 1960, l'autonomie effective du pays, en particulier en termes de recherche scientifique et technique, ne se met en place que doucement au cours des décennies suivantes. À l'échelle du pays et à l'échelle de cette petite station, on voit le CNRS s'impliquer puis se retirer au fur et à mesure que le nouvel État tente de se faire une place dans le domaine, loin des centres de pouvoir de la scène internationale.

## A. Paimpont dans le paysage de la biologie bretonne

Avant la Seconde Guerre mondiale, une tradition de biologie marine semble prévaloir en France. Après la guerre, l'influence grandissante au sein du CNRS et de l'institution universitaire de Grassé, nouveau « pilier de la biologie française[5] », marque l'entrée dans une nouvelle période. Suite à la destruction du laboratoire de biologie marine de Wimereux, bombardé par l'armée allemande en 1944, il souhaite imposer son point de vue, c'est-à-dire une réorientation des budgets vers la biologie terrestre. Il veut créer de premières stations en ce sens en France et outre-mer. L'idée n'est pas immédiatement opérante, elle fait son chemin jusqu'en 1952, date de la mise en place de la station des Eyzies[46], dans le Sud-Ouest, suivie de celle de Makokou puis Chizé, en 1967, dans les Deux-Sèvres[6]. À l'échelon breton, l'ordre des choses suit une direction similaire puisque des structures tournées vers la mer y sont installées depuis longtemps, plus d'un siècle pour la station de Concarneau[7], lorsque Richard parvient à mener à bien le projet d'une station biologique à Paimpont[8].

Selon les sources, ladite station est annoncée sur le territoire dont elle porte le nom mais aussi souvent sur celui de la commune voisine de Plélan-le-Grand[9]. Quoi qu'il en soit, les

---

[5] Expression de Rachelle Laurand (1991), *Pierre-Paul Grassé (1895-1985). Un zoologiste se penche sur l'évolution*, Mémoire de maîtrise, Université de Lyon, p. 22.
Chavot Philippe (1994), *op. cit.*, p. 387.
[46] *Ibid.*, p. 391.
[6] *Ibid.*, p. 415.
[7] Fischer Jean-Louis (2002), *op. cit.*, p. 3.
[8] Chavot Philippe (1994), *op. cit.*, p. 448-449.
[9] Plélan-le-Grand est par exemple mentionné dans :
Gautier-Hion Annie, Gautier Jean-Pierre (1978), « Le Singe de Brazza : Une stratégie originale », *Z. Tierpsychol.*, 46, p. 104.
Gautier-Hion Annie (1980), « Seasonal variations of diet related to species and sex in a community of *cercopithecus* monkeys », *Journal of Animal Ecology*, 49, p. 237.

parcelles qu'elle occupe correspondent bien au premier[10]. En 1971, les statuts de la nouvelle université « Rennes 1 » sont rédigés dans ses locaux[11] et, en 1977, la station est considérée comme la plus importante d'Europe avec une fréquentation d'un millier d'étudiants, enseignants et chercheurs par an[12]. Ce sont là des signes que le lieu gagne rapidement en importance aux yeux des scientifiques rennais et largement au-delà. Dans le même temps, éthologie et primatologie y élisent domicile.

## 1. Un terrain propice ? Aux origines de la station

### *Le précédent des stations de biologie marine*

L'essor des stations maritimes s'inscrit dans celui de l'océanographie en France. Lorsque celle-ci apparaît dans la seconde moitié du XIXe siècle, les stations représentent son versant civil et le Service hydrographique de la Marine son versant militaire. Durant toute son histoire, l'océanographie se caractérise d'une part par son interdisciplinarité : on y inclut la biologie, la chimie, la géochimie, la géologie, la sédimentologie et la géophysique ; d'autre part, par l'entrelacement des intérêts scientifiques, économiques et militaires du fait de l'importance stratégique qu'il y a à connaître les océans, savoir s'y déplacer et maîtriser leurs ressources. Son évolution institutionnelle le reflète, en témoignent par exemple les noms de plusieurs organismes : Office scientifique et techniques des pêches

---

Quris René, Gautier Jean-Pierre, Gautier Jean-Yves,Gautier-Hion Annie (1981), « Organisation spatio-temporelle des activités individuelles et sociales dans une troupe de *cercopithecus cephus* », *Rev. Ecol.* (*Terre et Vie*), vol. 35, p. 37.
Gautier-Hion Annie, Bourlière François, Gautier Jean-Pierre, Kingdon Jonathan (éds.) (1988), *op. cit.*, p. III.

[10] Extrait du plan cadastral daté de 2007.
EB (2016-2018a), *op. cit.*

[11] « Historique » sur le site de la station biologique de Paimpont, en ligne https://paimpont.univ-rennes1.fr

[12] Crusson Joël (1977), « En forêt de Paimpont : Un centre d'initiation écologique… pour le Xe anniversaire de la station biologique », *Ouest France* du 13/10/1977.
EB (2016-2018a), *op. cit.*

maritimes mis en place en 1920, Comité d'exploitation des océans (CNEXO) en 1967, Service hydrographique et océanographique de la Marine (SHOM) en 1971, Institut français de recherche pour l'exploitation de la mer (IFREMER) en 1984[13].

Un exemple, contemporain du projet de Paimpont, illustre ce qui peut se passer en Bretagne. En 1966-1967, Brest est choisie pour accueillir le site du nouveau centre de l'océanographie française, premier établissement maritime du CNEXO. Cette décision est le fruit de plusieurs facteurs dont nous ne relevons qu'une partie. Le pouvoir gaulliste affiche une volonté d'asseoir la France comme puissance sur le plan scientifique et technique, notamment face aux États-Unis. Dès 1962, on envisage de mettre sur pied un « grand laboratoire atlantique » afin de recréer un « macro-système » qui implique l'État, les industries de pointe et l'océan. On recherche pour cela une ville qui soit liée à l'armée et à l'industrie off-shore, critères auxquels seules Bordeaux, Nantes, Rennes et Brest répondent. Or Nantes ne semble pas à la hauteur en termes de développement comme « métropole de recherche », Bordeaux n'a pas assez de lien avec la Marine et Rennes est handicapée par sa distance à la mer. Une certaine concurrence, incluant élus et chercheurs locaux, oppose Rennes à Brest à ce propos mais, bien qu'ils se soient exprimés à la fin des années 1950 et tout au long des années 1960, le pouvoir de décision ne revient pas aux universitaires. Cela s'explique par le fait que les grands domaines de recherche liés à la compétition militaro-industrielle entre nations sont placés sous l'autorité directe du gouvernement et c'est à ce niveau, avec la recherche spatiale et la recherche nucléaire, que se place le projet brestois[14].

---

[13] Laubier Lucien (2002), « L'émergence de l'océanographie au CNRS : les conditions de la pluridisciplinarité », *La revue pour l'histoire du CNRS*, 6.

[14] Ferrière Hervé, Laubé Sylvain (2016), « Approche systémique des années 1966-1967 en Bretagne : des années décisives pour le développement de la recherche et de l'enseignement supérieur dans le domaine des sciences et techniques de la mer », dans André Lespagnol et Matthieu Leprince (dir.), Les mutations de l'enseignement supérieur et de la recherche en Bretagne (1945-2015), Rennes, PUR, p. 323-339.

Ce qui retient notre attention ici n'est pas la dimension géopolitique de l'océanographie dans la région mais bien l'ancienneté des premières stations. C'est pourquoi, et dans le but de replacer la focale sur la seule histoire de la zoologie, nous proposons de nous arrêter sur elles plus en détail. Sous l'Ancien Régime et jusqu'au XIXe siècle, on dénombre des expéditions dans toutes les mers du monde qui permettent de collecter un grand nombre de spécimens animaux, morts, dont l'étude fait progresser significativement la connaissance scientifique à leur sujet[15]. Les biologistes s'intéressent de plus en plus à la faune marine et ont besoin de parvenir à examiner, outre les corps conservés dans l'alcool ou le formol, des organismes vivants, dans leur élément, d'observer leurs comportements et interactions avec l'environnement. Les séjours de chercheurs sur le littoral, souvent limités à une marée ou une saison de reproduction, se multiplient. Ils sont assistés par leur compagne et, plus tard, se rendent sur le terrain avec leurs étudiants pour leur dispenser un enseignement plus concret. Tous logent chez l'habitant et installent, dans des locaux que la population leur met à disposition, salles de tri et laboratoires. C'est dans la continuité de cette dynamique d'avancée vers un plus grand confort pour l'hébergement et le travail que voient le jour les stations biologiques en tant que telles, privées et publiques. Les premières sont celles de Manger, en Norvège, en 1825 et d'Ostende, en Belgique, en 1842. La France leur emboîte le pas[16]. Plus d'une douzaine de stations y sont ouvertes entre 1859 et 1910, davantage si on inclut les colonies, dont les deux plus anciennes sont bretonnes[17]. Celle de Concarneau est fondée en 1859 par Victor Coste.

---

[15] Hondt (d') Jean-Loup (2007), *Histoire de la zoologie*, Ellipses, p. 66-69 et 80-81.

[16] *Ibid.*, p. 81-84.

À propos notamment des stations de Naples et de Wimereux, voir De Bont Raf (2014), *op. cit.*

Voir aussi Debaz Josquin (2005), *Les stations françaises de biologie marine et leurs périodiques entre 1872 et 1914*, Thèse de doctorat, EHESS.

[17] On peut citer Concarneau en 1859, Roscoff en 1872, Wimereux en 1874, Luc-sur-Mer en 1874, Sète en 1879, Banyuls-sur-Mer en 1881, Arcachon en 1883,

Concarneau est l'exemple de la station qui s'ouvre à une recherche pratique avec la création de grands viviers (50 m sur 30 m) pour tester les possibilités d'élevage d'huîtres, de crustacés (homards) et de poissons pour la consommation. Cette pratique de l'élevage, voire de la reproduction en milieu fermé qui s'ouvre vers une économie de marché, fut la pierre de touche qui permit à V. Coste d'obtenir, auprès de Napoléon III, d'importants fonds pour la construction et le fonctionnement de ce premier « vivier-laboratoire ». Ce premier centre de la mer est inspiré par l'organisation de grands centres de pisciculture, comme celui de Huningue (Haut-Rhin, créé en 1852) présidé par V. Coste et celui de Comacchio en Italie, alors célèbre pour ses élevages d'anguilles. Derrière cette idée, il y a celle du développement d'une recherche fondamentale qui fera de Concarneau l'un des premiers lieux de la naissance de l'embryologie expérimentale, discipline scientifique fondamentale qui va changer notre façon d'appréhender le développement embryonnaire par l'analyse du devenir des premières cellules (blastomères) de l'embryon-zygote : c'est Laurent Chabry (1855-1893) qui réalise à Concarneau cette approche expérimentale de l'embryon[18].

Henri de Lacaze-Duthiers se rend quant à lui à Roscoff en 1868 où il constate la grande amplitude des marées, qui permet de faire de la recherche biologique à pied sur une très grande surface, et la présence de l'île de Batz, en face, qui protège la côte d'une mer trop forte. On y loue une maison puis on achète un bâtiment et des annexes. En 1872, le petit complexe devient la station biologique de Roscoff sur un modèle qui se veut en opposition à celui de la station zoologique de Naples, créée la même année et qui fait payer aux États d'origine des scientifiques le droit d'y travailler. Ainsi, à Roscoff, chacun bénéficie d'un accès gratuit aux locaux et à l'outillage. Lors de cette première année, 6 à 8 chercheurs peuvent y travailler, leur

---

Villefranche-sur-Mer en 1886, Tatihou en 1887, Le Portel en 1888, Endoume en 1889, Tamaris en 1889-1900, Monaco en 1910. Outre-mer, sont concernés notamment l'Indochine, Madagascar, l'Algérie et la Tunisie.
Kofoid C. A. (1910), *The biological Stations of Europe*, Washington, Government Printing Office, 1910.
Fischer Jean-Louis (2002), *op. cit.*, p. 9.
[18] *Ibid.*, p. 3.

nombre passe à 25 en 1887 dont 15 sont logés dans les locaux du laboratoire, une innovation pour l'époque. Le climat hivernal y étant défavorable, Lacaze-Duthiers fonde sur la côte méditerranéenne, en 1881, la station de Banyuls-sur-Mer qui offre aussi des possibilités d'hébergement à partir de 1894. Les deux stations deviennent complémentaires. Sans chercher à être exhaustifs, nous pouvons mentionner quelques réussites scientifiques liées à la station de Roscoff. La zoologie expérimentale y triomphe notamment avec les travaux d'Yves Delage sur la parthénogenèse expérimentale entre 1900 et 1910, la découverte par Lacaze-Duthiers des mâles pygmées portés en parasites par la femelle géante de la bonellie ou encore sa compréhension du fonctionnement des colonies de pérophores et de clavelines qui lui inspirent des réflexions enthousiastes sur la vie communautaire[60]. Beaucoup plus loin dans le temps, Georges Teissier, alors directeur général du CNRS, facilite l'établissement de liens privilégiés entre ce dernier et la station à partir de 1945, station qu'il dirige lui-même de cette année jusqu'en 1971. Ainsi par exemple, en 1950, le CNRS y construit le laboratoire Yves Delage auquel il affecte des personnels[19]. Du point de vue de sa reconnaissance, nous notons que, dès 1945, Roscoff possède le statut d'Observatoire océanologique et constitue une école interne de l'université Paris VI et qu'à partir de 1960 elle publie les *Cahiers de biologie marine*, revue de portée internationale[20].

### *Environnement et genèse de la station biologique de Paimpont*

Du règne de Judicaël, roi de Domnonée[21], aux Chouans de 1793-1795[22], Paimpont et sa forêt sont associés à plusieurs épisodes de l'histoire de la Bretagne. On y extrait du fer dès

---

[60] *Ibid.*, p. 2-5.
[19] Laubier Lucien (2002), *op. cit.*, p. 2.
[20] Fischer Jean-Louis (2002), *op. cit.*, p. 6.
[21] Cornette Joël (2005), *op. cit.*, tome 1, p. 151.
[22] Cornette Joël (2005), *op. cit.*, tome 2, p. 185-188.

l'époque gallo-romaine[23] mais cette activité cesse au début du XXe siècle. À sa lisière, des forges sont actives au moins à partir du XVIIIe siècle et sont fermées en 1860-1865[24]. C'est l'un des grands massifs qui couvrent encore au XVe siècle une partie de la région et sont vitaux tant pour les seigneurs qui vendent le bois que pour les paysans qui cueillent des fruits sauvages, braconnent, ramassent de quoi se chauffer et y nourrissent porcs et bovins[25]. *A priori* donc Paimpont est un pays rural, de forêt et de petite industrie à l'écart du monde de la mer et des laboratoires des scientifiques. Pas d'enjeu stratégique international non plus dans la deuxième moitié du XXe siècle. Néanmoins les naturalistes sont attirés par cet endroit et nous observons que les motivations de ces biologistes « terriens » pour y installer une station sont similaires à celles de leurs homologues finistériens du siècle précédent. En effet, J.-C. Lefeuvre, professeur à la faculté des sciences de Rennes, écrit en 1970 :

> Un enseignement de base traditionnelle à l'usage des naturalistes est dispensé dans les facultés des sciences. Les stations de terrains ont pour but de parfaire la formation professionnelle de ces étudiants en leur fournissant le moyen d'étudier les animaux et les plantes dans leur milieu. [...]
>
> Le besoin d'un tel complément s'est tellement fait sentir, qu'un arrêté ministériel [...] précise que tout étudiant en sciences naturelles qui se destine à l'enseignement, doit effectuer [...] au moins un stage dans une station de terrain. [...]
>
> Pourquoi avoir choisi Paimpont pour implanter une telle station ? [...] deux raisons primordiales :
>
> — la première, c'est que la région de Paimpont avec ses nombreux étangs, ses ruisseaux, ses landes, sa forêt, constitue un terrain de prédilection pour les biologistes que nous sommes, et ce d'autant plus que le relief accusé de cette région, sa topographie particulière et, par conséquent, son climat, font du massif de Paimpont une zone carrefour tant d'un point de

---

[23] Pape Louis (2000), « L'Armorique gallo-romaine », dans Jean Delumeau (dir.), *Histoire de la Bretagne*, Éditions Privat, p. 94-98.
[24] Cornette Joël (2005), *op. cit.*, tome 2, p. 222-223 et 615-616.
[25] Cornette Joël (2005), *op. cit.*, tome 1, p. 371.

vue climatique que botanique ou zoologique, c'est-à-dire, en clair, que l'on peut y trouver davantage d'espèces de plantes et d'animaux que dans les régions avoisinantes ;

— la deuxième, c'est que cette région dont nous venons de dépeindre l'originalité se doit d'être protégée et aménagée rationnellement, c'est-à-dire doit être transformée en parc régional. Ce serait l'avantage de tous et particulièrement des habitants et commerçants. Or, pour nous, l'aménagement d'un tel parc ne peut se faire que s'il existe une infrastructure scientifique sérieuse dans la région. C'est désormais le cas à Paimpont avec la station biologique[26].

Nous retrouvons le même besoin, reconnu par l'État, d'offrir de bonnes conditions de formation dans un milieu vivant. Par ailleurs, la biodiversité exceptionnelle du lieu invoquée dans ces lignes fait écho à la profusion particulière de faune et de flore que Lacaze-Duthiers observe dans le canal formé par la côte de Roscoff et l'île de Batz[69]. La dernière raison énoncée, certes en mesurant la nouveauté que représente la protection de l'environnement, rappelle le souci de la station de Concarneau de faire s'accorder recherche fondamentale et intérêts des populations locales.

La station de Paimpont se situe à environ 5 kilomètres du bourg de Paimpont, en Ille-et-Vilaine, et s'étale sur plusieurs terrains autour de l'étang du Chantenay et de part et d'autre de la route départementale n° 40. Les parcelles sont acquises progressivement par l'université de Rennes et le ministère de l'Éducation nationale : 6 sont achetées en 1959, 11 en 1962, 6 en 1973 et 7 en 1985. La superficie totale est de 168 393 m² dont 20 670 de bâti, 33 280 d'étangs, 114 443 de landes, bois et taillis[27]. Dès 1957, Richard entreprend des négociations visant la création de la station. Il conduit le projet avec l'accord du

---

[26] Lefeuvre J.-C. (1970), « La station biologique de Paimpont », *Bretagne Dimanche* du 10/05/1970.
EB (2016-2018a), *op. cit.*
[69] Fischer Jean-Louis (2002), *op. cit.*, p. 4.
[27] Extrait du plan cadastral daté de 2007.
EB (2016-2018a), *op. cit.*

professeur de zoologie de Rennes, René Poisson[28]. C'est avec lui, probablement, qu'il rencontre la même année le maire de Paimpont pour exposer ses intentions. Le conseil municipal y voit un intérêt et accepte de vendre un terrain, confiant au maire la responsabilité des tractations. Plusieurs délibérations qui s'étalent à partir du mois de janvier 1957 mènent à la conclusion de la vente de 5,77 hectares le 28 février 1959. Le compte-rendu d'une délibération du 2 février 1958 indique que « le terrain de Beauvais, inculte, ne sert à rien » et par conséquent le conseil est d'accord pour le céder au « prix de 50 000 francs l'hectare [...] moyennant les droits de passage ». Les élus de la commune et les biologistes s'entendent donc au départ parce que leurs critères pour juger la terre diffèrent. Les uns ont peu à perdre en cédant ce qui est inutile pour l'agriculture, les autres recherchent un bout de nature vivante à observer. En 1962, une prairie et deux étangs, soit 5,56 hectares, sont vendus par Paimpont pour 540 000 francs. Cela enrichit les possibilités de recherche et permet au village de Beauvais de bénéficier du raccordement à l'eau potable en même temps que la station. De la fin des années 1950 jusqu'en 1967, Beauvais, au relief accidenté partiellement couvert de landes, est une sorte de station avant la station. Des étudiants de la faculté de Rennes y campent lors des vacances universitaires dans le cadre de stages. Pendant l'été 1958, un premier baraquement est investi. Des inventaires faunistiques et floristiques sont faits ainsi que des prélèvements dans les étangs. Richard enseigne et rend visite aux stagiaires environ deux fois par semaine. L'objectif est aussi de nouer de bonnes relations avec les habitants[29].

De 1960 au commencement effectif de l'édification de la station biologique, plusieurs acteurs travaillent de concert pour parvenir à la meilleure formule possible (tableau 2). Pour le rectorat, le défi réside dans la difficulté à réduire les coûts pour se rapprocher le plus possible du cadre fixé par son ministère. Cela se fait d'abord en choisissant des entreprises compétitives, puis surtout en révisant à plusieurs reprises les plans et les

---

[28] Chavot Philippe (1994), *op. cit.*, p. 448.
[29] EB (2016-2018a), *op. cit.*

possibilités d'aménagement des lieux qui doivent être de qualité pour l'hébergement, la recherche et l'enseignement.

| | **Louis Arretche**, architecte de la station | **Ministère de l'Éducation nationale** | **Rectorat de Rennes** *via* une commission |
|---|---|---|---|
| Février 1960 | Premiers plans[30] | | |
| Juin 1963 | Plans : « Avant-projet[31] » Estime le prix à 3 461 270 francs au total (construction et équipements[75]) | | |
| Janvier 1964 | Nouvelle version des plans[32] | | |
| Février 1964 | | Approuve un budget de 3 392 408 francs pour la construction | Désigné ordonnateur secondaire par le ministère[33] |
| Septembre 1964 | Estime la valeur à 4 630 000 francs[34] | | |
| Octobre 1964 | Retient 17 entreprises pour réaliser les travaux suite à un appel d'offre | | Prix proposé par les entreprises de 6 765 031 francs[35] |
| Novembre 1964 | | | Prix estimé à 4 800 000 francs[36] |

30 Plans de Louis Arretche du 20/02/1960.
ADIV ; 243W58

31 Plans de Louis Arretche de juin 1963.
ADIV ; 261W113 ; « Station biologique de Paimpont, avant-projet »

75 ADIV ; 261W114 ; « Station biologique de Paimpont. Tryptique de présentation. 15 février 1965. Louis Arretche »

32 Plans de Louis Arretche et M. Nouviale du 31/01/1964.
ADIV ; 261W117

33 Arrêté du ministère de l'Éducation nationale du 21/02/1964.
ADIV ; 261W120

34 ADIV ; 261W114 ; « Station biologique de Paimpont. Tryptique de présentation. 15 février 1965. Louis Arretche »

35 Procès-verbal de la commission « Appel d'offres : Séance d'ouverture des plis » du 08/10/1964.
ADIV ; 261W114 ; « Appel d'offres. 1961-1965 »

36 Procès-verbal de la commission « Appel d'offres : Examen des résultats » du 12/11/1964.

| | | | |
|---|---|---|---|
| Décembre 1964 | | | Prix total de 4 875 153,76 francs[37] |
| Février 1965 | Estime la valeur à 4 747 709,91 francs[38] Nouvelle version des plans[39] | | |
| Mai 1966 | | Approuve un budget de 665 300 francs pour les équipements[40] | |
| Juillet 1966 | | Approuve la réévaluation du budget à 3 619 808 francs pour la construction[41] | |

**Tableau 2** : Chronologie des étapes du projet de construction de la station de Paimpont

## 2. Rennes et son pays : un pôle majeur pour l'étude des comportements animaux

### *Le « groupe de Rennes »*

Ce sont des enseignants de la faculté des sciences de Rennes qui lancent la station de Paimpont et garantissent le maintien de sa mission pédagogique en étant nombreux à s'y investir, y compris bénévolement, dans ses premières années. À la même époque, sur

ADIV ; 261W114 ; « Appel d'offres. 1964-1965 »

37 Procès-verbal de la commission « Recherche d'économies. Discussion avec les entreprises » du 17/12/1964.
ADIV ; 261W114 ; « Appel d'offres. 1964-1965 »

38 ADIV ; 261W114 ; « Station biologique de Paimpont. Tryptique de présentation. 15 février 1965. Louis Arretche »

39 Plans de Louis Arretche et M. Nouviale du 15/02/1965.
ADIV ; 261W118

40 Arrêté du ministère de l'Éducation nationale du 23/05/1966.
ADIV ; 261W120

41 Arrêté du ministère de l'Éducation nationale du 22/07/1966.
ADIV ; 261W120

le plan de la recherche, les Rennais sont également un certain nombre à s'y rendre pour effectuer des travaux en écologie, botanique, zoologie et hydrobiologie. Quelques postes permanents sont affectés sur place, les disciplines concernées sont alors l'écologie et l'éthologie [42]. Cette dernière nous concerne directement puisqu'elle peut être considérée comme la porte d'entrée de l'étude des primates à Paimpont. Il convient donc de nous intéresser, en amont, au développement particulier que connaît la discipline dans la capitale bretonne. Le chef de file de l'éthologie rennaise est incontestablement Richard. D'abord instituteur, il se tourne ensuite vers la recherche auprès de Grassé et soutient une thèse, en 1950, sur le phototropisme des termites. Il est ensuite nommé maître de conférence en psychophysiologie[43] à l'université de Rennes. Grâce à son influence, celle-ci est, en France, celle qui s'oriente le plus vers l'éthologie au cours des décennies 1960 et 1970. Cela explique sans doute pourquoi le financement en direction de la station biologique semble privilégier cette dernière, notamment les recherches en écoéthologie et sur l'ontogenèse du comportement[44]. Il fonde la Société française pour l'étude du comportement animal (SFECA) en 1968[45] et dirige le centre d'éthologie de Rennes jusqu'en 1975[46]. Tout au long de sa carrière, il travaille à développer des relations entre le milieu éthologique français et la communauté internationale ainsi qu'à renforcer les positions rennaises au niveau national. En effet, à partir des années 1950, il favorise la prise en compte en France de l'éthologie américaine et participe à plusieurs congrès internationaux d'éthologie au cours des années 1960. Il obtient, suite à celui de Zurich en 1965, l'octroi de bourses par la direction des affaires culturelles pour les Français souhaitant participer aux rencontres suivantes. Il intervient aussi

---

[42] Lefeuvre J.-C. (1970), *op. cit.*

[43] Avant de se constituer en tant que telle, ce qui correspond à l'éthologie porte en France le nom de psychophysiologie. Nous définissons l'éthologie comme l'« étude des mœurs et du comportement individuel et social des animaux domestiques et sauvages ».
« Éthologie », dans rubrique « Lexicologie », CNRTL, en ligne www.cnrtl.fr

[44] Chavot Philippe (1994), *op. cit.*, p. 448-449.

[45] *Ibid.*, p. 321 et 422.

[46] *Ibid.*, p. 336.

pour qu'Yves Rouger passe une année auprès de Theodor Schneirla à l'*American Museum of Natural History* avec une bourse de l'université de Rennes, organise des voyages d'études dans des laboratoires de Groningue et Leyde, aux Pays-Bas, et invite des éthologistes étrangers à Rennes dont des personnalités comme Gerard Baerens et Niko Tinbergen[47].

L'action de Richard et de l'équipe qui se forme autour de lui doit être replacée dans le contexte scientifique de l'époque. Au sortir de la Seconde Guerre mondiale, « l'éthologie fait figure de parent pauvre ». Elle n'est pas une priorité pour l'État, à l'instar du reste des sciences naturelles et à l'exception notable de la génétique qui est très soutenue[48]. La France accuse un véritable retard par rapport à d'autres pays s'étant forgé une tradition éthologique tels que la Grande-Bretagne ou encore l'Allemagne. Elle s'est en outre très peu ouverte à l'international pendant la plus grande partie du XX^e^ siècle, ce qui la maintient en marge. Dans leurs essais autobiographiques, certains « pionniers » tels que Konrad Lorenz ou Tinbergen ne mentionnent pas du tout les travaux des Français dans le domaine. Le Britannique William Homan Thorpe, dans *The Origins and Rise of Ethology*, ne les mentionne que dans quelques phrases desquelles ressortent trois noms : Grassé, Rémy Chauvin et Richard. Il faut attendre le milieu des années 1960 pour voir un investissement significatif des chercheurs français aux congrès internationaux, ce qui coïncide comme nous l'avons vu avec l'implication du troisième. Au congrès de Stockholm de 1967, l'*International Ethological Committee* montre une volonté de soutenir l'éthologie française, ce qui se concrétise en 1969 par la tenue en France de la XI^e^ Conférence internationale à laquelle s'inscrivent une centaine de Français, soit un quart des participants. Cette conférence, et ce ne peut pas être un hasard, a lieu à Rennes[49]. Ce qui nous importe

---

[47] *Ibid.*, p. 449-450.
[48] *Ibid.*, p. 35.
[49] *Ibid.*, p. 31 et 319-322.
Thorpe W. (1979), *The Origins and Rise of Ethology*, London, Heinemann.
Voir aussi Thomas Marion (2003), *Rethinking the history of ethology: French animal behaviour studies in the Third Republic (1870-1940)*, Thèse de PhD, Université de Manchester.

ici n'est pas le problème de la place de la France au regard de ses voisins mais plutôt de souligner la position que Rennes occupe. De fait, son université s'est hissée au rang de leader hexagonal.

Richard, apprécié par beaucoup, est aussi vivement critiqué par d'autres qui le voient comme « un simple gauchiste excité ». En fait, un clivage important se fait jour entre Chauvin à l'Est et Richard à l'Ouest et se durcit après le départ de Grassé[50] – ce dernier prend sa retraite en 1967[51]. Ce clivage a une dimension politique forte, sans se limiter à cela, et trouve à s'exprimer à partir des événements de Mai 68 [52] : Chauvin, élitiste voire eugéniste, fait partie du camp conservateur et Richard, ancien communiste, du camp progressiste plus favorable à la loi d'orientation de 1969 qui permet une importante restructuration des universités. Au début des années 1970, la séparation entre éthologie « de droite » et éthologie « de gauche » est concrète. À gauche, le groupe de Richard est soutenu par ceux de Jean Médioni et de Gervet à Toulouse et Marseille. Chauvin prend la défense de Lorenz alors que des voix s'élèvent après l'attribution du prix Nobel de médecine et de physiologie à l'Autrichien fondateur de l'éthologie moderne en 1973. En effet, un vif débat a lieu à cause des positions très ambiguës de ce dernier envers le régime nazi sous le III^e^ Reich[53].

Dans sa thèse, Chavot parle de ce qu'il nomme « groupe de Rennes », pour désigner Richard et les Rennais, de manière concentrée sur une partie traitant de la controverse autour des travaux de Pierre Jaisson. Cet épisode final du parcours de Richard en tant que scientifique met en avant certaines spécificités épistémologiques dudit groupe. Résumons les grandes lignes de l'affaire : Jaisson soutient sa thèse de doctorat d'État sur le thème de l'empreinte chez les fourmis, en 1975, sous la direction de Chauvin. Dans le cadre de la commission du CNU en charge de l'examen du dossier, Richard doit faire un rapport. Deux exemplaires du texte lui sont donc remis. Ils sont lus et annotés

---

[50] Chavot Philippe (1994), *op. cit.*, p. 336-338.
[51] *Ibid.*, p. 386.
[52] *Ibid.*, p. 465-472.
[53] *Ibid.*, p. 20.

par différents membres du groupe, notamment par Jean-Marie Vidal, qui termine son doctorat d'État sur le même thème mais sur une espèce différente. Ces annotations montrent que le « clan » rennais est très critique vis-à-vis du travail de Jaisson mais il semble que, contrairement à ce que pense Chauvin, il s'agisse davantage d'un désaccord méthodologique qu'idéologique. Il est vrai que des remarques témoignent d'une vive hostilité envers Lorenz et pointent le fait que, en se référant principalement à la définition du phénomène d'empreinte donné par ce dernier et contredit notamment à Cambridge dans les années 1960, Jaisson propose une problématique dépassée[54]. Cependant, la plupart des reproches relèvent de problèmes de rigueur : les observations sont incomplètes, preuve qu'elles sont effectuées dans un esprit volontariste voulant démontrer à tout prix que le phénomène existe chez les invertébrés, quitte à ne pas prendre en compte certains facteurs pouvant induire un changement de comportement par exemple ; les tests statistiques ne sont pas adéquats, de même que la façon de présenter les résultats. Par ailleurs, les thèses de Jaisson et Vidal diffèrent grandement par leur approche. Jaisson se situe dans la lignée de la vision traditionnelle, réductionniste selon les Rennais, de l'éthologie de Chauvin qui voit en chaque espèce étudiée un cas particulier. À l'inverse, Vidal, considéré avec l'ensemble de son groupe comme un behavioriste, veut par son travail contribuer à une explication générale du mécanisme d'attachement chez les animaux et les humains. Le CNU refuse d'inscrire Jaisson sur sa liste d'aptitude, ce qui bloque sa carrière momentanément, d'autant plus que l'influence de Richard est susceptible de pouvoir s'étendre au CNRS. La situation est renversée par un drame personnel : « La veille du congrès d'éthologie de Parme, Richard, en proie à une crise de démence, tue sa femme et l'enterre sur le campus de Rennes. Il est arrêté à son retour d'Italie. Peu après, le CNU

[54] « Une des caractéristiques de l'empreinte avancées par Lorenz est "l'existence d'une période critique pour la fixation d'un objet d'attachement et son irréversibilité. […] À la fin des années 60, on tend à Cambridge à considérer l'empreinte, cette fois, non plus comme un phénomène inné mais comme une forme particulière d'apprentissage. »
*Ibid.*, p. 475.

revient sur sa décision » et Jaisson devient l'un des plus jeunes professeurs de France[55].

*Des singes à Paimpont : du projet personnel au rayonnement international*

La raison d'être de toute station biologique est sa localisation. Ce qui fait sens, c'est la possibilité pour les scientifiques de travailler sur un milieu naturel donné, et les espèces qui le peuplent, *in situ*. Or aucun singe ni autre primate non humain n'est endémique de la Bretagne. Leur présence à Paimpont résulte donc d'une mutation partielle de la station provoquée par plusieurs facteurs. Nous sommes en présence de la combinaison de ce que nous venons de décrire – la naissance de la station et ce qui la précède ainsi que l'essor de l'étude des comportements animaux –, qui contribue en quelque sorte à préparer localement un terrain favorable à l'arrivée des primates et primatologues, avec le contexte, lointain mais simultané, des longs séjours à Makokou du couple de jeunes chercheurs que forment Gautier-Hion et Gautier. En mars 1969, ce dernier adresse un rapport au recteur de l'université de Rennes[56] qui synthétise parfaitement dans ses premiers paragraphes l'ensemble des raisons qui motivent et des événements qui conduisent à l'installation de singes du Gabon dans la station, ainsi que les rôles des différents acteurs impliqués :

> J'ai l'honneur de vous faire tenir ci-joint un rapport sur mon activité scientifique depuis l'année 1965, date à laquelle le Conseil de l'université de Rennes, sur votre proposition, m'avait accordé une bourse destinée à me permettre un stage à la mission biologique du professeur Grassé au Gabon.

---

[55] Jaisson Pierre (1975), *Contribution à l'étude de l'expérience précoce chez les fourmis*, Thèse de doctorat d'État.
Vidal Jean-Marie (1976), *Empreinte filiale et sexuelle. Réflexions sur le processus d'attachement d'après une étude expérimentale sur le coq domestique*, Thèse de doctorat d'État.
Chavot (1994), *op. cit.*, p. 473-484.

[56] Il semble qu'il fasse une confusion ici. Il s'agit du recteur de l'académie de Rennes, dont les fonctions embrassent cycles primaire, secondaire et supérieur.

Depuis cette période et en fonction de mes premiers résultats, j'ai pu être nommé attaché de recherche au CNRS et travailler en commun avec ma femme Annie Gautier, elle-même attachée de recherche au CNRS. Nos efforts ont permis, malgré de nombreuses difficultés, d'établir au Gabon, en conditions semi-naturelles, un élevage d'une vingtaine de singes cercopithèques appartenant à six espèces. Cet élevage nous est totalement nécessaire car l'observation directe des cercopithèques dans la nature est extrêmement difficile (c'est une des raisons pour lesquelles ces singes n'ont pas encore été beaucoup étudiés), mais son maintien pose de graves problèmes. Il nous est impossible de vivre en permanence au Gabon, pour des raisons d'isolement intellectuel et aussi pour des raisons de santé physique. En revanche, pendant le trimestre que nous passons en France chaque année, notre élevage périclite faute de soins éclairés et nous devons consacrer une partie de notre séjour gabonais à rétablir ce qui a été compromis. Enfin, et c'est peut-être ce qui grève le plus lourdement notre avenir, la mission biologique au Gabon (RCP n° 26 du CNRS) doit subir une mutation profonde et doit être en partie reprise par une autre organisation dont les buts sont différents.

Dans ces conditions, nous nous sommes interrogés sur les possibilités de ramener nos singes en France et de poursuivre régulièrement des études de laboratoire, complémentaires des résultats que nous avons accumulés sur le terrain. Je me permets de souligner qu'à notre dernier voyage, nous avons ramené et que nous entretenons depuis à nos frais, un élevage de cinq singes qui supportent parfaitement bien les conditions auxquelles ils sont soumis en Bretagne.

Monsieur le professeur Grassé, notre directeur de recherche étant maintenant à la retraite, aucun laboratoire de primatologie n'existant actuellement en France, nous avons pensé (et nous nous en sommes ouvert à monsieur le professeur Richard avec qui nous sommes restés en rapports scientifiques) qu'il serait peut-être possible d'établir un premier centre d'élevage, dans un laboratoire de l'université de Rennes. En accord avec monsieur Richard et monsieur Lefeuvre, nous avons envisagé de pouvoir l'établir à Paimpont et nous nous sommes assurés que le Centre national de la recherche scientifique était disposé à rapatrier, à ses frais, nos singes gabonais.

> Cet établissement nécessitera évidemment des moyens en locaux, en matériel et en personnel, mais l'intérêt du travail est grand et nous ferons tout pour réussir.

Trois annexes sont jointes au courrier : un rapport sur l'élevage de cercopithèques illustré de plusieurs photographies des animaux et des installations gabonaises, le rapport scientifique mentionné plus haut et des devis accompagnés d'un plan des locaux à construire en vue de l'accueil des singes. Deux à trois bâtiments sont envisagés, pour une somme comprise entre 13 500 et 22 400 francs chacun auxquels s'ajoutent 3 500 francs pour brancher l'eau et l'électricité. Un agent doit être rémunéré 966,38 francs par mois. Enfin, les frais d'alimentation des primates et d'entretien des enclos sont évalués à 1 200 francs mensuels[57].

À ce stade, il nous semble utile de donner des précisions au sujet du destinataire du rapport, le recteur de l'académie de Rennes Henri Le Moal, dans la mesure où celui-ci apparaît de manière récurrente dans les coulisses de plusieurs dossiers évoqués jusqu'ici. Depuis 1960, les recteurs ont autorité sur la construction de locaux dans leurs académies, ce qui fait de lui un personnage clé de la décennie 1960, mais Le Moal exerce différemment ce pouvoir selon les cas. Il est actif et fait des propositions dans le cadre des débats autour du futur centre d'océanographie de Brest même si, comme celle de 1962-1965 de créer sur la Manche un « Institut de la mer » dirigé depuis Rennes, celles-ci pèsent finalement bien peu[58]. En revanche, il ne siège pas en personne et se fait représenter à chaque fois lors des réunions de la commission dont il est le président à la fin de l'année 1964 à propos du chantier de Paimpont[59]. Faut-il y voir

---

[57] Rapport de Jean-Pierre Gautier au recteur du 06/03/1969.
ADIV ; 243W58 ; « Élevage des cercopithèques »

[58] Fischer Jean-Louis (2002), *op. cit.*, p. 230-231.

[59] Procès-verbal de la commission « Appel d'offres : Séance d'ouverture des plis » du 08/10/1964.
Procès-verbal de la commission « Appel d'offres : Examen des résultats » du 12/11/1964.
Procès-verbal de la commission « Recherche d'économies. Discussion avec les entreprises » du 17/12/1964.
ADIV ; 261W114 ; « Appel d'offres. 1964-1965 »

un désintérêt relatif du recteur, anticipé par Gautier, pour la biologie terrestre ? Question difficile car, bien que le primatologue ne juge utile d'informer Le Moal de son projet qu'après s'être assuré du soutien du CNRS, de Richard et de Lefeuvre, c'est à son intervention qu'il doit sa bourse de 1965. La primatologie compte donc.

Le même document nous apprend que les 22 singes concernés, dont 5 vivent en France depuis juillet 1968, se répartissent spécifiquement comme suit : 7 *cercocebus albigena*, 2 *cercocebus torquatus*, 3 *cercopithecus neglectus*, 4 *cercopithecus nictitans*, 5 *cercopithecus mona* et 1 *miopithecus talapoin*. Tous ont entre 1 et 6 ans. Par la suite, les femelles font des petits, l'élevage est donc un succès. Il est cela dit fort probable que celui-ci ait été en partie alimenté aussi par de nouvelles importations [60]. Effectivement, toutes les espèces se reproduisent[61] alors qu'il n'y a apparemment qu'un seul talapoin au départ. En 1977, l'effectif atteint un total d'une cinquantaine d'individus [62]. Au-delà de cette activité, la primatologie en tant que discipline de recherche connaît à Paimpont un essor remarquable en l'espace d'une quinzaine d'années grâce au couple Gautier-Hion-Gautier. Les premières véritables études portant sur des espèces appartenant au « supergenre » *cercopithecus* datent des années 1960, ce qui inscrit les Français parmi la génération qui permet de rattraper le « temps perdu ». Les chercheurs de la station biologique de Paimpont deviennent même des référents mondiaux en la matière. Cet état de fait s'observe plus particulièrement en 1985 quand, du 20 au 22 août, Robert D. Martin de l'université de Zurich, Jonathan Kingdon d'Oxford, François Bourlière, Gautier-Hion et Gautier de Rennes organisent un symposium « satellite » de la XIXe Conférence internationale d'éthologie sur le thème *« Biology, phylogeny and speciation of forest cercipithecines »*. Cela prend la forme d'une réunion, restreinte

---

[60] Les informations dont nous disposons à ce sujet demeurent trop fragmentaires, sans date ni quantité.
Jourdaa Frédérique (1999), *op. cit.*
[61] Gautier Jean-Pierre (2018), *op. cit.*
[62] Crusson Joël (1977), *op. cit.*

aux principaux groupes travaillant sur ces questions à l'époque, qui se tient au sein même de la station bretonne. L'événement est l'occasion de partager un grand nombre d'informations et de points de vue et est vécu très positivement par les participants qui décident unanimement de rédiger un livre regroupant les résultats du colloque, tout en élargissant le spectre aux cercopithécinés de savane. Il est publié en 1988 sous le titre *A primate radiation : evolutionary biology of the African guenons*. Trente scientifiques représentant dix-huit centres de recherches d'Europe, d'Amérique du Nord et d'Afrique de l'Est y participent dont, pour ne citer que les délégations les plus nombreuses, Berkeley en Californie, l'Institut Curie de Paris, l'université du Wisconsin et surtout Paimpont[63]. Les Gautier et Jean-Noël Loireau y signent pour la station quatre chapitres sur un total de vingt-quatre[64].

La primatologie française en général se développe elle aussi et se structure avec là encore une présence paimpontaise notable. En 1987, la Société francophone de primatologie est fondée par des chercheurs de Paimpont, de l'université Louis Pasteur de Strasbourg, du Muséum d'histoire naturelle, de l'INSERM, de l'armée et de responsables de parcs zoologiques. Son siège est fixé à la station biologique de Paimpont[65].

### B. La traversée d'une époque : Makokou de la conquête française à la guerre froide

Les prémices de l'étude des primates au Gabon trouvent leurs origines à une période où aucune colonie française ne porte encore ce nom. T. E. Bowdich, envoyé au Gabon par l'Angleterre, mène son enquête sur l'*ingena*, en 1817, ouvrant

[63] Les chercheurs contribuant au colloque viennent de France, d'Ouganda, des États-Unis, de Belgique, du Canada, du Royaume-Uni, du Kenya, de Suisse et d'Allemagne.

[64] Gautier-Hion Annie, Bourlière François, Gautier Jean-Pierre, Kingdon Jonathan (éds.) (1988), *op. cit.*, p. v-3.

[65] Rubriques « Statuts » et « Historique de la SFDP », site de la Société francophone de la primatologie, en ligne sfdp-primatologie.fr

un XIXe siècle qui est celui de la quête de ce grand singe décrit dans des récits de voyageurs et d'habitants dans plusieurs régions d'Afrique mais dont l'existence réelle demeure douteuse. Nous passons sur les détails des années de collecte des preuves scientifiques qui permettent de l'identifier pour ne mentionner que Paul Belloni du Chaillu qui s'enfonce au cœur de la forêt gabonaise et est vraisemblablement le premier occidental à pister, observer et décrire des gorilles vivant dans leur milieu. Il rapporte de ses voyages des spécimens naturalisés et publie en 1861 *Explorations and Adventures in Equatorial Africa*. Le succès public est considérable[66]. Autre grand explorateur du pays, Pierre Savorgnan de Brazza semble avoir laissé le souvenir de ses expéditions menées dans les années 1870 dans le nom d'une des espèces présentes à Paimpont et Makokou, le *cercopithecus neglectus*, usuellement appelé « singe de Brazza[67] ».

La gloire des aventuriers et les singes, malgré eux, de même que le cannibalisme prêté aux Fang par Du Chaillu, font du Gabon « un lieu de production majeure de l'imaginaire impérial français[68] ». Cette dynamique est accompagnée des conquêtes qui instaurent la situation coloniale, laquelle marque l'ensemble des sociétés africaines au XXe siècle, du moment où il est question de l'établir à celui où l'on travaille à s'en défaire et où d'autres modes de relations internationales émergent. Elle embrasse tout entière l'histoire particulière de la station de Makokou.

[66] Ducros Albert et Jacqueline (1989), *op. cit.*, p. 304-306.
Ducros Albert et Jacqueline (2001), *op. cit.*, p. 51-54.

[67] La seule donnée précise dont nous disposons à propos de la découverte du singe de Brazza est la référence « Schlegel 1876 », dans Gautier-Hion Annie, Gautier Jean-Pierre (1978), « Le Singe de Brazza : Une stratégie originale », *Z. Tierpsychol.*, 46, p. 84.

[68] Bernault Florence, Tonda Joseph (2009), « Le Gabon : une dystopie tropicale », *Politique africaine*, 3, n° 115, p. 10.

## 1. Un témoin du fait colonial

### *Une localité dans l'empire*

La colonie du Gabon est fondée en 1886. Elle a pour premier gouverneur Noël Ballay, sous l'autorité de Brazza qui est commissaire général de l'Ouest africain. En 1888, elle fusionne avec la colonie du Congo sous le nom de Gabon-Congo puis de Congo français en 1898, avant d'en être séparée pour redevenir le Gabon en 1904. Celui-ci est intégré à l'Afrique-Équatoriale française (AEF) en 1910 dont la capitale est Brazzaville. Elle a le statut de colonie jusqu'en 1946, de territoire d'outre-mer jusqu'en 1948 et enfin de république autonome de la communauté française jusqu'à la déclaration d'indépendance de 1960[69]. En 1908, un arrêté crée la circonscription militaire de l'Ivindo et un second l'année suivante vient le confirmer et désigner Makokou en tant que subdivision. En 1919, Makokou en est le chef-lieu. En 1925, l'Ivindo est supprimée et la subdivision de Makokou est rattachée à la circonscription de Djouah. Elle passe au département de l'Ogooué-Ivindo en 1934 puis de nouveau au Djouah deux ans plus tard, lequel est renommé Ogooué-Ivindo en 1943[70]. Une tradition orale des Fang Zamane, collectée puis publiée en 1962, nous fournit des précisions sur la fondation de Makokou nous permettant de comprendre notamment qu'un village plus ancien la précède et de visualiser certaines réalités de son peuplement, des migrations et de l'ethnogenèse durant la fin de cette période que l'on peut encore qualifier de précoloniale :

> *Histoire de Makokou* : La rencontre avec le premier Européen (*« Nagnakomane »*) eut lieu sur la Nouna et la Bemvoula. Les Fang parvinrent à Barmanian (léproserie actuelle de Makokou)

[69] Fiche descriptive de la série Gabon-Congo I-IV, VI-XX (1839/1919) mise à jour le 18/04/2017.
Archives nationales d'outre-mer, État général des fonds, en ligne http://anom.archivesnationales.culture.gouv.fr

[70] Fiche descriptive sur Makokou mise à jour le 22/08/2917.
Fiche descriptive sur l'Ivindo mise à jour le 17/08/2017.
Archives nationales d'outre-mer, Inventaire détaillé, en ligne http://anom.archivesnationales.culture.gouv.fr

où ils trouvèrent le premier comptoir commercial et purent acheter du sel et des tissus.

Il y avait, tout auprès, un petit village Chiwa appelé Mekok. Le capitaine Fabinet, surnommé Okon-Ngyé (l'homme-gorille) y établit le poste qu'il appela Makokou. Les chefs Fang furent désignés par les militaires. Ensuite ils rencontrèrent les Bakota de l'autre côté du fleuve. Les Bichiwa s'en allèrent. Ceux qui restèrent se dirent Fang[71].

Une autre, transmise par des Bichiwa, la complète :

Les ancêtres sont venus du nord. Attaqués par les Nzem conduits par le conquérant Mékomba, ils se partagèrent ; les uns descendirent le Ntem, ce sont les Ngoumba ; eux suivirent l'Ivindo et créèrent le village de Mentchougué (Makokou actuel). Ils descendirent le long des deux rives. Les Fang venaient alors au long de la Ouah. Les Kota et les Shaké étaient sur la haute Djidji (Dilo).

Les Bichiwa continuèrent leur route vers le sud. Certains s'établirent sur le Mvoung ; d'autres arrivèrent à l'Ogoué et fondèrent des villages autour de l'embouchure de l'Ivindo : Mpouembi, Zoué, Biangami Pa ; ils occupèrent l'île de Ntoubi et Kankan, juste au confluent. Il y avait des gens sur l'Ogoué avant eux-mêmes et avant les Shaké. Divers groupes pygmées (Begyeli, Babongo, Bethyu) vivaient dans la forêt et même dans le pays des abeilles[72].

Le décalage chronologique entre la date de 1886 et celle de 1908 fait ressortir l'avance prise par la côte dans le processus de colonisation. Les causes de cet écart résident dans l'ancienneté de la présence européenne dans la région. En effet, après le passage des Portugais dès la fin du XV^e^ siècle suivis des Hollandais[73], le commerce est très actif du XVI^e^ au XIX^e^ siècles, y compris avec les Anglais : l'île de São Tomé au large produit de la canne à sucre, les populations du futur Gabon des esclaves, du bois, de l'ivoire, de la cire et des peaux. Les

[71] Deschamps Hubert (1962), *Traditions orales et archives au Gabon. Contribution à l'éthno-histoire*, Paris, Éditions Berger-Levrault, p. 87.
[72] Pour éviter la confusion, précisons que Bichiwa est le pluriel de Chiwa. *Ibid.*, p. 78-79.
[73] Fiche descriptive de la série Gabon-Congo I-IV, VI-XX (1839/1919), *op. cit.*

Mpongwé de l'Estuaire, les Orungu du Cap Lopez et les Nkomi de Fernan Vaz traitent avec les populations vivant à l'est de leurs territoires. Les groupes voisins les approvisionnent en produits de la forêt tandis que les peuples les plus éloignés, parfois inconnus, fournissent des esclaves [74]. Des Français s'établissent à partir de 1839-1841, suivis d'une première mission catholique en 1846, et fondent Libreville en 1949. Des traités sont signés avec les peuples du littoral atlantique, ainsi le protectorat de la France se met en place. Les explorations en direction de l'*hinterland* ne sont ensuite organisées qu'à partir de 1855. Brazza fonde Lambaréné en 1872 [75]. Plus tard, il remonte l'Ogooué beaucoup plus loin en amont et crée Franceville[76].

Avant la Première Guerre mondiale, seules les populations maritimes payent l'impôt. Le reste de la colonie est mal connu et largement hostile aux conquérants. C'est d'ailleurs cette défiance qui oblige les autorités coloniales à la diviser en circonscriptions militaires [77]. Deux types de résistance sont recensés à cette époque : la passivité et la révolte armée. La « fuite devant le Blanc » est la forme passive la plus répandue dans la région qui nous intéresse ici. En 1910, l'administrateur de la subdivision de Makokou fait savoir que les villages, nombreux lors de l'installation des postes, sont désertés, rendant impossible pour l'occupant le ravitaillement sur place en poulet et en manioc [78]. La même année, dans la même subdivision, il est également fait usage de la violence dans le village de Zacamathou. Trois autochtones travaillant pour le compte de la Société du Haut-Ogooué (SHO) craignent pour leur vie mais leur supérieur européen, craignant pour la sienne,

---

[74] Au sujet des populations myènè du Gabon maritime précolonial, voir M'Bokolo Elikia (1977), « Le Gabon précolonial : étude sociale et économique », *Cahiers d'études africaines*, vol. 17, cahier 66/67, p. 331-344.

[75] Fiche descriptive de la série Gabon-Congo I-IV, VI-XX (1839/1919), *op. cit.*

[76] Deschamps Hubert (1962), *op. cit.*, p. 58-59.

[77] Moutangou Fabrice Anicet (2013), *Une entreprise coloniale et des travailleurs : la Société du Haut-Ogooué et la main-d'œuvre africaine* (1893-1963), Thèse de doctorat, Université de Toulouse, p. 155-156.

[78] *Ibid.*, p. 158.

refuse de les évacuer. Ils sont tués trois jours après lui avoir demandé du secours[79].

Il est impossible dans un premier temps, pour la poignée d'administrateurs responsables de cette tâche, d'asseoir effectivement la domination coloniale sur ce vaste pays recouvert de forêt où est dispersée une population peu nombreuse. En l'absence de garanties en termes de bénéfices économiques, la métropole aide peu financièrement le gouvernement de la jeune colonie mais Brazza est ambitieux. En 1890, il propose de régler le problème en déléguant à des compagnies privées, comme relais de l'administration coloniale, le soin de prendre possession de la forêt. Il réussit avec ses partisans à convaincre l'exécutif métropolitain de contourner le Parlement en permettant, par décret, que de telles compagnies soient formées. En 1893 apparaît la concession du Haut-Ogooué, rapidement confiée à la SHO. Elle s'étend sur un territoire immense correspondant à toute la partie orientale du Gabon. Makokou est compris dans le quart nord-est de la concession. La SHO se lance dans l'exploitation forestière après 1914-1918 et minière dans les années 1950[80], à l'image du Gabon entier. Le bois est en fait, pendant toute la période coloniale, la principale ressource gabonaise. Cela concerne une essence plus particulièrement, l'okoumé, matière première du contreplaqué. Son exportation est si importante que toute l'activité économique et sociale semble s'organiser autour d'elle[81]. Cela se prolonge après la Seconde Guerre mondiale avec une hausse de la demande de bois de déroulage qui stimule la production. Le secteur minier se limite longtemps à un peu d'or et à une recherche pétrolière qui ne porte ses fruits qu'en 1957 avec la découverte d'un premier gisement exploitable. En 1962, on commence à extraire du minerai d'uranium et en 1962 du manganèse[82]. Makokou doit toutefois être considérée comme

---

[79] *Ibid.*, p. 165.

[80] *Ibid.*, p. 10-12.

[81] Didzambou Rufin (2010), « Entreprises françaises au Gabon et développement économique et social. 1960-2010 », *Outre-mers*, tome 97, n° 368-369, p. 196.

[82] Lotito Gaston (1970), « Le développement économique du Gabon », *Cahiers d'outre-mer*, n° 92, p. 427-428.

à l'écart par rapport à toute effervescence dans ces filières motrices. Certes, un très important gisement de fer se situe non loin de là, près de Mékambo, où une concession est accordée à une entreprise, la SOMIFER, mais c'est une zone de haute forêt d'accès difficile et le moyen envisagé pour évacuer le minerai, c'est-à-dire un chemin de fer qui traverserait le pays d'est en ouest, existe à peine à l'état de projet dix ans après l'indépendance. Les arbres ne manquent pas non plus à Makokou, mais il faut suivre l'Ivindo pour atteindre, en aval, la « limite de peuplement de l'okoumé[83] ». En d'autres termes, on n'en trouve pas aussi loin. De plus, à cet endroit, le fleuve est coupé de rapides et de chutes d'eau qui empêchent la navigation et le flottage du bois. Dans les années 1980, l'économie locale se résume à une agriculture traditionnelle faite de cultures itinérantes sur brûlis, à quelques plantations de café et, dans la localité même, il existe un centre de démonstration avicole et un jardin potager[84]. Nous ignorons ce qu'il en est vingt ans plus tôt mais il est permis de penser que la situation est structurellement similaire.

*La mission biologique au Gabon*

Le caractère reculé du lieu, et le faible impact humain sur le milieu qui lui est associé, est l'une des raisons qui justifient le choix du professeur Grassé d'y implanter sa « mission biologique au Gabon » (MBG). Makokou est situé autour de 500 mètres d'altitude, un peu au nord de l'équateur, « sur un vieux socle cristallin constitué de plateaux bosselés de nombreuses collines recouvertes d'une grande forêt dense humide sempervirente ». L'Ivindo, affluent de l'Ogooué, y coule. La bourgade est accessible depuis Libreville en une heure d'avion, à raison de deux ou trois vols par semaine selon les saisons à la fin de notre période, ou d'une journée de trajet par la route, laquelle est régulièrement impraticable lorsque la mission fait ses premiers pas. À une journée de pirogue de là en direction du nord-est, à Bélinga, une « station antenne » est

[83] *Ibid.*, p. 426, 430-431 et 436.
[84] IRET/ECOTROP (CNRS) (1987), *op. cit.*, p. 8-9.

mise en place dans un massif montagneux aux crêtes ferrugineuses qui culminent à 1 000 mètres d'altitude. La nature y est encore davantage préservée[85] et les scientifiques basés à Makokou ont l'habitude de s'y rendre[86]. Un gisement de fer à ciel ouvert s'y trouve mais reste inexploité, faute de transport[87]. Cette annexe s'installe alors que la SOMIFER est encore présente et est abandonnée en 1969. La MBG dispose aussi d'une maison appartenant à la compagnie sur la route de Mékambo, à 160 kilomètres de Makokou vers l'est.

Grassé remarque les avantages scientifiques que peuvent procurer les forêts secondaires et primaires de la région lors d'un séjour en 1957[88]. Avec l'appui du président de la République gabonaise, Léon Mba, il installe donc la MBG sur le terrain de la mission catholique de Makokou. La mission est fixée pour une durée de trois ans, prolongée de trois nouvelles années en 1966 et d'un an en 1969. En moins d'une décennie, les résultats sont non négligeables : on compte le passage d'au moins 35 chercheurs dont les travaux donnent lieu à plus de 170 publications et à la soutenance de 6 thèses de doctorat d'État en 1971-1972. En 1965, Grassé fonde la revue *Biologia Gabonica* qui se forge rapidement une envergure internationale[89]. Lernould, représentant le centre CNRS qui succède à la MBG par la suite, ne manque pas de souligner en 1971, à l'occasion d'une cérémonie sur place en présence d'Omar Bongo, désormais chef de l'État, cette grande réussite en termes de production littéraire scientifique et de progrès dans la connaissance de la faune et de la flore transmise par la mission et de saluer avec enthousiasme le succès des initiatives

---

[85] *Ibid.*, p. 7-9.

[86] Gautier Jean-Pierre (2018), *op. cit.*

[87] Jourdaa Frédérique (1999), *op. cit.*

[88] Compte-rendu de la mission du conseiller culturel de l'ambassade de France dans l'Ogooué-Ivindo du 5 au 08/12/1970.
CADN ; 364PO/1 ; 312 ; « CNRS. Laboratoire de primatologie et d'écologie équatoriale de Makokou. 1967-80 »

[89] Note non signée concernant le laboratoire de primatologie et d'écologie équatoriale de Makokou datant de 1971.
CADN ; 364PO/1 ; 312 ; « CNRS. Laboratoire de primatologie et d'écologie équatoriale de Makokou. 1967-80 »

de Grassé en particulier qui permet la pérennisation d'une station biologique à Makokou[90].

Il vient d'être fait allusion à plusieurs partenaires importants de la MBG : une société privée, deux présidents gabonais, une mission catholique et le CNRS. Laissant la première de côté, nous nous interrogeons sur cette bonne entente entre les trois autres. La chronologie nous dit que l'Empire colonial français n'existe plus et pourtant nous observons en plein cœur de l'Afrique une institution publique française s'établir avec l'aide de missionnaires, sans que cela ne pose de problème aux dirigeants du territoire investi. Pour affiner ce schéma trop imprécis, il convient de regarder plus en détail le déroulé des événements. Tout d'abord intéressons-nous au terrain sur lequel s'installe la MBG, c'est-à-dire à la mission catholique qui précède la biologique et coexiste avec elle, et surtout à l'itinéraire du père Albert Claer. Né en 1909 en Alsace, il rejoint l'ordre des Spiritains en 1930 et est ordonné prêtre en 1938. Retardé par la guerre, il est affecté au Gabon en 1945. Il officie à Minvoul jusqu'à ce que la mission soit confiée à des prêtres gabonais en 1948 puis est donc envoyé à Makokou. À ce poste il élève plusieurs écoles et chapelles de brousse et construit « une grande et belle église ». Pour tout cela il reçoit le soutien de frères sur place et d'un vaste réseau en Europe. C'est lui qui reçoit Grassé et d'autres chercheurs du CNRS à leur arrivée en provenance du Cameroun. Du temps de la station, il occupe son temps libre à étudier la botanique et est doublement décoré pour son travail dans ce domaine : par la France qui le fait Chevalier de la Légion d'honneur, remise justement par Grassé ; par le Gabon quand Bongo le fait Officier de l'Ordre équatorial. Il reste là jusqu'à son rapatriement sanitaire en 1987 et décède dans son pays natal en 1996[91]. Contrairement à ce qui se fait

---

[90] Article de « MBILA Le peuple » au sujet de la visite du président Bongo à Makokou le 08/04/1971.
CADN ; 364PO/1 ; 312 ; « CNRS. Laboratoire de primatologie et d'écologie équatoriale de Makokou. 1967-80 »

[91] Note sur le père Albert Claer (1909-1996) rédigée par P. Roger Tabard, archiviste général Cssp. Page des archives spiritaines, en ligne www.spiritains.org/qui/figures/cartes/claer.htm

quelques années plus tard pour le laboratoire d'Ipassa, aucune convention n'est signée entre le CNRS et le gouvernement gabonais au sujet de la mission biologique. L'accord qui permet à la MBG d'exister est celui passé directement par le CNRS avec Claer en 1962 ou 1963. Il s'agit d'une convention purement verbale qui autorise une installation pour trois ans renouvelables dans l'enceinte de la mission et dit que les bâtiments à construire doivent l'être sous la surveillance du prêtre avec des crédits du CNRS et le concours de la SOMIFER. Deux bâtiments sont construits de cette façon en 1963 pour le travail et l'hébergement et un troisième en 1965. Le CNRS assure à Grassé un budget global que ce dernier gère directement de manière autonome. En outre, le professeur a le pouvoir de faire lui-même le recrutement, pour des missions déterminées, des chercheurs qui composent son équipe. Claer participe à l'administration du laboratoire en assumant la régie financière de celui-ci en échange de 100 000 francs CFA par mois environ. Grassé prend sa retraite en 1967 mais n'est apparemment pas remplacé au titre de la MBG. Celle-ci prend fin officiellement le 31 décembre 1969 et dès le lendemain la donne change. Le nouveau laboratoire est placé sous la direction du professeur Brosset et la souplesse des années 1960 n'est déjà plus d'actualité. Par exemple, le budget doit désormais être validé par une commission du CNRS composée de 10 membres. La rémunération du père Claer est transformée en un loyer sensiblement identique payé à la mission catholique en attendant la fin des travaux à Ipassa prévue pour la fin de l'année 1971. Lernould remplace Claer comme régisseur[92].

Le constat qui ressort est que Claer et Grassé sont bel et bien des personnages issus du paysage colonial français qui pourraient être comparés à leurs prédécesseurs du début du siècle. Le professeur et le père incarnent très bien deux aspects de l'œuvre « civilisatrice » voulue par ceux qui ordonnent à la fin du XIX$^{e}$ siècle la conquête du continent. C'est le monde de la

[92] Compte-rendu de la mission du conseiller culturel de l'ambassade de France dans l'Ogooué-Ivindo du 5 au 08/12/1970.
CADN ; 364PO/1 ; 312 ; « CNRS. Laboratoire de primatologie et d'écologie équatoriale de Makokou. 1967-80 »

mise en place de postes là où auparavant il n'y a « rien » pour « coloniser », au sens littéral du terme, porter la science occidentale et l'Évangile, un monde loin de la métropole qu'il est possible d'administrer assez librement. Dans une certaine mesure et sans le savoir, Lernould comme sans doute d'autres successeurs de Grassé, se pose en continuateur.

> Le professeur Grassé, qui cherchait alors une base pour établir une mission scientifique en Afrique-Équatoriale, fut séduit par les magnifiques forêts, le caractère affable des gens, le climat relativement sain qui avantagent Makokou.
>
> [...] Nos chercheurs ont fait faire des progrès considérables à la connaissance de la flore et de la faune de la forêt équatoriale. Ils peuvent être fiers d'avoir contribué au rayonnement, sur le plan scientifique international, du pays que nous considérons comme notre seconde patrie : le Gabon[93].

Ces mots prononcés dans un tout autre contexte pourraient sembler anodins mais, au Gabon et si proche de la fin de la communauté française, il est difficile de ne pas y voir le reflet de l'héritage colonial. On y retrouve toute une partie de son imaginaire : la beauté de la forêt peuplée de gentils indigènes, la figure de l'explorateur émerveillé et la satisfaction du devoir accompli pour rendre service au pays occupé en y appliquant les standards métropolitains, les seuls qui vaillent. Bien entendu il n'y a pas là la violente armée de l'invasion. Il s'agit simplement d'une transmission d'ordre culturel, probablement inévitable. Colonisation et décolonisation, comme le signalent leurs suffixes, sont des processus. La date de 1960 signifie bien quelque chose mais, plutôt qu'une rupture, elle constitue une étape dans une progression qui ne provoque pas nécessairement l'interruption de la colonisation. En ce qui concerne la station de Makokou dans les années 1960, on voit bien qu'il y a une certaine inertie dans les pratiques et les modes de relations tandis que les bases sur lesquelles pourraient s'appuyer de nouveaux usages ne sont pas encore assez solides.

[93] Article de « MBILA Le peuple » au sujet de la visite du président Bongo à Makokou le 08/04/1971.
CADN ; 364PO/1 ; 312 ; « CNRS. Laboratoire de primatologie et d'écologie équatoriale de Makokou. 1967-80 »

## 2. L'indépendance nationale : processus global et conséquences locales

### *Historique des accords de coopération franco-gabonais*

Le Gabon devient officiellement indépendant au cours de l'été 1960 par des textes ayant valeur de lois signés à Paris le 15 juillet par Mba et Michel Debré et ratifiés par l'Assemblée législative gabonaise le 1er août. Ils déclarent le transfert à la République gabonaise de « toutes les compétences instituées par l'article 78 de la Constitution du 4 octobre 1958[94] », c'est-à-dire « la politique étrangère, la défense, la monnaie, la politique économique et financière ainsi que la politique des matières premières stratégiques [...], le contrôle de la justice, l'enseignement supérieur, l'organisation générale des transports extérieurs et communs et des télécommunications[95] ». Cela a été anticipé par les deux gouvernements et il n'est en réalité pas question pour la France de perdre toute son influence dans son ancienne colonie ni, pour celle-ci, de renoncer tout de suite aux infrastructures assurant le fonctionnement de l'État et la gestion de son économie. Avant même la mise en œuvre de tout accord, il est déjà assuré que plusieurs institutions publiques puissent poursuivre leurs activités « selon les modalités actuellement en vigueur[96] ». Ensuite, le protocole réglant les conditions des négociations en vue des accords de 1960 précise clairement que des accords de coopération entre les deux parties doivent être négociés « simultanément » et surtout « paraphés en même

---

[94] *Journal officiel de la République gabonaise* ; numéro 19 du 18 août 1960.
CADN ; 364PO/1 ; 6 ; « Accords franco-gabonais. Recueil et listes. 1960-1984 »

[95] Constitution du 4 octobre 1858 ; Article 78 (version abrogée au 5 août 1995), en ligne www.legifrance.gouv.fr

[96] Cela concerne l'Institut géographique national, le Bureau de recherches géologiques et minières, la Caisse centrale de coopération économique, les centres relevant de l'Office de la recherche scientifique et technique pour l'outre-mer et du Centre technique forestier tropical, la mission d'Afrique centrale du commissariat à l'énergie atomique.
Échange de lettres entre les gouvernements français et gabonais datant de 1959 ou 1960.
CADN ; 364PO/1 ; 7 ; « Coopération institutionnelle. 1959-1960 »

temps que seront signés les accords de transfert[97] ». Ainsi font l'objet d'une publication au *JournaloOfficiel de la République gabonaise*, le même jour que la déclaration d'indépendance, une série d'accords qui limitent cette dernière précisément dans les domaines de la politique étrangère, de la défense, des matières premières et produits stratégiques, de l'économie, de la monnaie et des finances, de la marine marchande, de l'aviation civile, de l'enseignement supérieur et un certain nombre d'autres dispositions transitoires[98]. D'autres sont établis durant les années suivantes pour un total de 48 accords franco-gabonais signés entre 1960 et 1984 touchant à de nombreux secteurs plus ou moins clés pour l'État[99].

L'indépendance pleine et entière doit attendre, sans parler de l'idée d'une décolonisation complète[100], ce qui implique aussi le maintien du pays dans une certaine dépendance économique notamment vis-à-vis de la France en lien avec une vie politicienne et politique caractéristique de l'époque sur laquelle il ne nous est pas possible de nous arrêter[101]. Concentrons-nous uniquement sur la forme de coopération relative à la recherche scientifique. Des épisodes particuliers nous permettent de montrer en quoi les modalités de cette coopération évoluent. Le

---

[97] Recueil des accords franco-gabonais.
CADN ; 364PO/1 ; 6 ; « Accords franco-gabonais. Recueil et listes. 1960-1984 »
[98] *Journal officiel de la République gabonaise* ; numéro 19 du 18 août 1960.
CADN ; 364PO/1 ; 6 ; « Accords franco-gabonais. Recueil et listes. 1960-1984 »
[99] Liste des accords franco-gabonais de 1960 à 1984.
CADN ; 364PO/1 ; 6 ; « Accords franco-gabonais. Recueil et listes. 1960-1984 »
[100] Une décolonisation complète de l'Afrique s'avère difficile à imaginer sur le temps court, en particulier sur le plan culturel, dans la mesure où on observe une continuité entre les cadres introduits par les colonisateurs et ceux qui se développent après l'indépendance, du fait de leur intériorisation par les colonisés, au détriment des systèmes de pensée africains qui continuent d'exister par ailleurs. En revanche, l'indépendance, c'est-à-dire une décolonisation appliquée à la souveraineté politique et économique sans nécessairement sortir du moule organisationnel occidental, peut être une réalité plus aisée à appréhender.
Sur cette question passionnante, voir Mudimbe Valentin-Yves (1988), *The Invention of Africa : Gnosis, Philosophy and the Order of Knowledge*, Bloomington,Indianapolis et Londres, Indiana University Press, James Currey.
[101] Sur l'économie, voir Didzambou Rufin (2010), *op. cit.* et Lotito Gaston (1970), *op. cit.*
Sur la politique, voir Bernault Florence, Tonda Joseph (2009), *op. cit.*

premier est celui de la convention générale entre les deux républiques en date du 1er juillet 1960. Le jour est important car il faut noter qu'elle date d'avant le transfert des compétences alors que la totalité des autres accords sont établis après[102]. Son élaboration remonte au moins au mois de janvier 1960 et constitue une réponse au problème que pose la suppression du Fonds commun de la recherche scientifique pour le financement des centres et stations de recherche [103]. Deux types de programmes sont visés par la convention : ceux de recherche fondamentale d'intérêt général, c'est-à-dire qui concernent tous les États de la communauté, et ceux de recherche d'intérêt local, c'est-à-dire concernant exclusivement le Gabon, soit le seul Centre de recherche forestière. Les premiers, qui concernent neuf organismes dont l'Office de la recherche scientifique et technique d'outre-mer (ORSTOM), sont financés intégralement par la France, le second à parts égales entre les deux États[104].

Nous opérons un saut dans le temps pour en venir à un autre épisode qui s'étale sur la fin des années 1970 et le début des années 1980 et nous éclaire sur des tensions dans les relations bilatérales. Le CENAREST, équivalent gabonais du CNRS français, voit le jour en 1977. Un nouvel accord est alors signé en février qui définit les principes d'une « coopération sur programmes de recherche » et prévoit la mise en place de protocoles entre le CENAREST et de grands organismes scientifiques français dans le but d'organiser cela concrètement. Sont concernés le CNRS, l'ORSTOM et le Groupement d'études et de recherche en agronomie tropicale (GERDAT[105]).

---

[102] Liste des accords franco-gabonais de 1960 à 1984.
CADN ; 364PO/1 ; 6 ; « Accords franco-gabonais. Recueil et listes. 1960-1984 »

[103] Courrier du secrétaire d'État aux relations avec les États de la communauté au chef de la mission permanente d'aide et de coopération auprès du gouvernement gabonais en date du 21/05/1960.
CADN ; 364PO/1 ; 310 : « Recherche scientifique. Accords et conventions »

[104] Convention générale relative à la recherche scientifique entre la République française et la République du Gabon du 01/07/1960.
CADN ; 364PO/1 ; 310 : « Recherche scientifique. Accords et conventions »

[105] Fiche de 1984 sur la coopération franco-gabonaise en matière de recherche scientifique.
CADN ; 364PO/1 ; 310 : « Coopération en matière de recherche scientifique »

L'idée est de construire progressivement l'autonomie gabonaise en termes de recherche. Un comité paritaire se réunit à Paris en avril pour commencer le travail mais c'est une phase d'échanges improductifs qui s'ouvre. La lenteur du processus, toujours sans résultat probant début 1984, provoque le très vif agacement de l'ambassade de France et de sa mission de coopération à Libreville.

> [...] le CENAREST est un corps sans âme, sans vie, un animal empaillé bouffé par la vermine.
>
> On ne fait pas de recherche sans chercheurs.
>
> La recherche n'a pas besoin d'accords qui ne sont que le prétexte pour Odongui Bonnard et quelques farfelus de l'université à faire régulièrement leur cinéma, en brandissant l'étendard de la souveraineté nationale, de l'égalité des nations, du respect des engagements.
>
> Nous perdons notre temps.
>
> Ce que l'on peut faire de mieux : c'est essayer de former des chercheurs en France et de les placer au Gabon sur des programmes de recherche-développement, bien encadrés, et surtout hors des structures relevant de ce piteux ministère que sont l'enseignement supérieur, la recherche scientifique, l'environnement et la protection de la nature[106].

En l'absence des protocoles tant attendus, le développement de la recherche stagne et on assiste au départ définitif de l'ORSTOM et du Centre technique forestier tropical du territoire en 1982. Outre les désagréments, tant scientifiques que diplomatiques, qui motivent les plaintes du côté français, il y a pour le Gabon un problème bien plus fondamental qui est de ne pas pouvoir assurer le financement de sa propre recherche sans aide extérieure. Au début des années 1980, le développement du pays est affiché comme le principal enjeu de la recherche mais demeure dépendant des choix français et

[106] Note succincte de l'Ambassade de France/Mission de coopération de Libreville du 27/02/1984.
CADN ; 364PO/1 ; 310 : « Coopération en matière de recherche scientifique »

notamment ceux du GERDAT qui participe à plusieurs opérations[107].

C'est dans cette optique que le Gabon diversifie ses relations internationales et cherche de nouveaux partenaires de développement. Des liens se tissent doucement avec l'Unesco durant les années 1970 et semblent se resserrer par la suite[108]. En son sein, le pays exprime ses points de vue, même virulents, par exemple contre le colonialisme[109] et contre l'apartheid[110], sans craindre la France. Lorsqu'en 1984 les États-Unis se retirent de l'organisation qu'ils jugent trop politisée dans un sens favorable aux positions soviétiques, Bongo dit comprendre leur choix et trouver suspects les liens de sa direction avec le bloc de l'Est[111]. Pour autant, le Gabon maintient sa confiance envers Amadou Mahtar M'Bow, directeur général de l'Unesco[112], démontrant que sa priorité ne réside pas dans une problématique de guerre froide. La France affiche quant à elle une vigilance constante qui consiste en une collecte de renseignements sur les actes et les paroles des dirigeants de son ancienne colonie ainsi que sur sa presse[113].

### *Décolonisation d'une station*

Les trois étapes mises en relief plus haut se retrouvent également à l'échelle de la station de Makokou. Nous l'avons vu, les années 1960 sont une période durant laquelle la

---

[107] Rapport de la mission de coopération de Libreville de juin 1982 sur la recherche scientifique au Gabon.
CADN ; 364PO/1 ; 310 : « Coopération en matière de recherche scientifique »
[108] Note du conseiller culturel de l'ambassade de France au Gabon du 14/12/1979
CADN ; 364PO/1 ; 178
[109] Synthèse non signée sur l'Unesco du 14/12/1976.
CADN ; 364PO/1 ; 178
[110] Synthèse non signée sur l'Unesco de mars 1978.
CADN ; 364PO/1 ; 178
[111] Fiche télégraphique du 04/02/1984 signée Dabezies.
CADN ; 364PO/1 ; 178 ; « UNESCO (retrait américain) »
[112] Fiche télégraphique du 30/04/1986 signée Dabezies.
CADN ; 364PO/1 ; 178
[113] De nombreuses et régulières fiches télégraphiques et synthèses illustrent cela.
CADN ; 364PO/1 ; 178 ; « UNESCO (retrait américain) »

recherche scientifique au Gabon repose à peu près exclusivement sur le travail des chercheurs et des organismes français et sur des financements français. La création du laboratoire de primatologie et d'écologie équatoriale se fait sur cette base, uniquement par le CNRS et sur proposition de Grassé pour prolonger l'expérience de la MBG [114]. Une convention est signée entre le Gabon et la France en 1967 qui est un parfait exemple de la facilité avec laquelle il est possible pour cette dernière d'investir sur le sol du premier : le gouvernement gabonais cède au CNRS, « pour une durée de 99 ans, la possession à titre gratuit », 10 000 hectares inhabités en bordure de l'Ivindo comprenant un terrain sur le plateau d'Ipassa, dont le point le plus proche de Makokou est à 7 kilomètres au sud-ouest, et 7 îlots. 100 hectares doivent être consacrés à la construction d'une « ferme-laboratoire[115] ». Une concession est faite, fixant les mêmes conditions en y ajoutant l'indemnisation des propriétaires des plantations touchées par le CNRS, pour permettre la construction d'une route d'accès privée reliant le terrain à la route reliant Makokou à Loa-Loa[116]. En fait, la prospection et les travaux de reconnaissance débutent à la fin de l'année 1966 et les relevés topographiques en 1967. Le chantier commence véritablement à l'automne 1968 par l'aménagement de la route d'accès. Au total, les crédits qu'ouvre le CNRS pour une première tranche s'élèvent à 140 millions de francs CFA. Cela comprend toute l'installation pour alimenter la station en eau et en électricité et plusieurs bâtiments. Leur équipement ainsi que les meubles ne sont pas compris dans ce budget. Une deuxième tranche de crédits doit être votée en 1970, comprenant notamment des bâtiments

[114] Article de « MBILA Le peuple » au sujet de la visite du président Bongo à Makokou le 08/04/1971.
CADN ; 364PO/1 ; 312 ; « CNRS. Laboratoire de primatologie et d'écologie équatoriale de Makokou. 1967-80 »

[115] Convention entre le gouvernement français, pour le CNRS, et le gouvernement gabonais signée le 09/03/1967.
CADN ; 364PO/1 ; 312 ; « CNRS. Laboratoire de primatologie et d'écologie équatoriale de Makokou. 1967-80 »

[116] Avenant à la convention du 09/03/1967 signé le 27/03/1970.
CADN ; 364PO/1 ; 312 ; « CNRS. Laboratoire de primatologie et d'écologie équatoriale de Makokou. 1967-80 »

supplémentaires[117]. En 1971, le président Bongo se rend à Makokou, en compagnie de plusieurs ministres et hauts fonctionnaires gabonais, dans le cadre d'une visite officielle auprès des habitants de l'Ogooué-Ivindo qui fait suite à des visites similaires dans six autres régions. Il préside la cérémonie de pose de la première pierre du laboratoire d'Ipassa au cours d'une journée rythmée par de nombreuses autres rencontres et actes à sa gloire, s'affichant paradoxalement en président fort et indépendant. La coopération franco-gabonaise est présentée alors comme relevant de l'entente entre deux peuples[118].

Sept ans plus tard, à la suite du nouvel accord de coopération scientifique, Bongo invoque encore l'amitié quand il écrit directement à Valéry Giscard d'Estaing pour demander davantage de moyens, estimant qu'il est en droit d'attendre de la France un financement de la recherche au Gabon à hauteur d'au moins 70 %[119]. Malgré l'impasse dans laquelle s'engagent les deux gouvernements après l'accord de 1977, celui-ci produit des effets réels au niveau de la station de Makokou. Certes, contrairement au GERDAT avec lequel un texte est signé en 1984[120], aucun protocole CNRS-CENAREST n'aboutit, mais un texte non signé est rédigé par une commission paritaire et donne quelques indications sur les intentions de ses auteurs[121]. C'est

---

[117] Compte-rendu de la mission du conseiller culturel de l'ambassade de France dans l'Ogooué-Ivindo du 5 au 08/12/1970.
CADN ; 364PO/1 ; 312 ; « CNRS. Laboratoire de primatologie et d'écologie équatoriale de Makokou. 1967-80 »

[118] Article de « MBILA Le peuple » au sujet de la visite du président Bongo à Makokou le 08/04/1971.
CADN ; 364PO/1 ; 312 ; « CNRS. Laboratoire de primatologie et d'écologie équatoriale de Makokou. 1967-80 »

[119] Lettre d'Omar Bongo à Valéry Giscard d'Estaing du 20/01/1978.
CADN ; 364PO/1 ; 310 : « Accord de coopération en matière de recherche scientifique et technique »

[120] Fiche télégraphique du 22/03/1984 signée Briquet.
CADN ; 364PO/1 ; 310 : « Accord de coopération en matière de recherche scientifique et technique »

[121] Protocole d'accord de recherches entre le CNRS et le CENAREST datant probablement de 1977.
CADN ; 364PO/1 ; 313 : « Recherche France CNRS. Mission ECOTROP (1978-1988) »

surtout la convention annexe à ce protocole qui nous intéresse puisqu'elle a pour seul objet le centre de Makokou qui porte désormais le nom d'Institut de recherche sur l'écologie tropicale (IRET). Elle prévoit que celui-ci soit associé au CNRS pour 5 ans renouvelables et la prise en charge, à partir du 1er janvier 1979, des salaires de son personnel gabonais et des dépenses de fonctionnement et d'entretien par le CENAREST. Elle fait référence à des décisions prises préalablement qui vont dans la même direction, c'est-à-dire vers la nationalisation de la station : la création de l'IRET en tant que tel et le transfert au CENAREST des installations du laboratoire de Makokou[122]. Ce transfert porte sur les biens immobiliers, les équipements et le personnel local. Les chercheurs français du CNRS poursuivent théoriquement leurs activités dans les locaux de l'IRET, qui est l'un des 5 instituts que regroupe le CENAREST, mais les conditions de recherche semblent se détériorer[123]. Le conseil du CNRS ne valide tout cela administrativement qu'en 1980 en demandant toutefois qu'un franc symbolique soit versé au payeur général de l'ambassade de France au Gabon afin de ne pas aller à l'encontre des lois françaises qui n'autorisent pas les établissements publics à céder gratuitement leurs biens[124].

Il faut à ce stade faire le lien avec ce qui est écrit plus haut à propos de la mise en place de la primatologie à Paimpont. Nous avons noté que l'installation de l'élevage de singes dans la station bretonne se fait en 1969 et nous avons cité Gautier qui, parmi d'autres arguments en faveur de transport dudit élevage,

---

[122] Convention annexe au protocole d'accord entre le CENAREST et le CNRS datant probablement de 1977.
CADN ; 364PO/1 ; 313 : « Recherche France CNRS. Mission ECOTROP (1978-1988) »

[123] Les autres instituts sont l'Institut de recherches agronomiques et forestières, l'Institut de recherches en sciences humaines, l'Institut de recherches technologiques et l'Institut de pharmacopée et de médecine traditionnelle.
Rapport de la mission de coopération de Libreville de juin 1982 sur la recherche scientifique au Gabon.
CADN ; 364PO/1 ; 310 : « Coopération en matière de recherche scientifique »

[124] Lettre du président du CNRS au commissaire général du CENAREST du 23/01/1981.
CADN ; 364PO/1 ; 313 : « Recherche France CNRS. Mission ECOTROP (1978-1988) »

exprime son inquiétude quant à son avenir et celui de ses recherches provoquée par la « mutation profonde » de la MBG[125]. Par ailleurs, selon Chavot, les Gautier sont contraints de poursuivre une partie de leurs travaux en France à cause de la nationalisation de la station de Makokou en 1979, qui dans la pratique rend plus difficiles les missions sur place, provoquant un essor conséquent de leur discipline à Paimpont[126]. On voit bien que les étapes que nous nous attachons à décrire pour cerner le contexte propre à la structure gabonaise ont également un impact direct sur la façon dont les primatologues vivent l'évolution de la situation sur le plan personnel et professionnel et que, par voie de conséquence, la colonisation et la décolonisation du Gabon ont des répercussions sur le développement de la primatologie en France.

Les interventions de l'Unesco au Gabon restent longtemps relativement limitées, de même que son soutien financier qui semble sans commune mesure avec celui de la France. À la fin des années 1970, parmi les thèmes de prédilection de l'organisation, le problème de l'éducation prime au Gabon sur ceux de la science et de la culture[127]. Ceci dit, cette primauté n'est pas exclusive. En 1980, M'Bow visite l'IRET et la station continue d'intéresser le département « sciences » quelques années plus tard, des dons de matériel et la tenue de séminaires étant envisagés[128]. En 1979, plusieurs activités conduites à Makokou sont déjà des contributions au programme de l'Unesco sur l'homme et la biosphère (MAB). En 1983, la réserve que constitue le terrain de la station est sélectionnée comme réserve de la biosphère et est inscrite dans le réseau mondial de l'Unesco. En 1987, l'IRET, le laboratoire d'écologie tropicale (ECOTROP) de Brunoy et le MAB préparent conjointement un fascicule de 52 pages. Celui-ci présente la

---

[125] Rapport de Jean-Pierre Gautier au recteur du 06/03/1969.
ADIV ; 243W58 ; « Élevage des cercopithèques »

[126] Chavot Philippe (1994), *op. cit.*, p. 449.

[127] Note du conseiller culturel de l'ambassade de France au Gabon du 14/12/1979.
CADN ; 362PO/1 ; 178

[128] Fiche télégraphique du 30/04/1986 signée Dabezies.
CADN ; 362PO/1 ; 178

station, synthétise l'ensemble des axes de recherches et liste un très grand nombre de publications des scientifiques – plus d'une centaine – s'étant succédé à Makokou de 1961 à 1986. L'Unesco, en le publiant en français et en anglais, participe de la reconnaissance auprès de la communauté scientifique internationale de ce que la station a permis d'accomplir et permet de dresser un bilan. Celui-ci est tout à fait remarquable et atteste du fait que, grâce à la station et au concours de diverses autorités, la région de Makokou est à ce moment « l'une des forêts denses humides les mieux connues » au monde[129].

[129] IRET/ECOTROP (CNRS) (1987), *op. cit.*

Une station se définit en premier lieu par l'endroit où elle se trouve. C'est pourquoi notre tâche première a été de décrire où, quand, comment et pourquoi les stations de Paimpont et de Makokou sont sorties de terre et ont concentré une intense activité humaine en leur sein, et de quelle façon elles se sont transformées au fil du temps au contact de leur environnement naturel et politique. Chacune se matérialise par un ensemble de bâtiments entourés d'une vaste étendue de végétation où vivent de nombreuses espèces animales, au bord de l'eau, loin de l'agitation des villes et des grands axes commerciaux. Plusieurs générations de scientifiques ont trouvé l'endroit idéal pour travailler. Toutes deux ont prospéré du point de vue du développement des sciences naturelles et comportementales durant les décennies qui nous intéressent dans des contextes physiquement et culturellement très différents mais rapprochés par l'histoire du XXe siècle. Éloignées l'une de l'autre de quelque 8 000 kilomètres, un mélange complexe d'histoire des sciences, d'histoire coloniale et d'histoires locales a en effet créé un pont entre elles pour un temps donné. La question se pose bien sûr de savoir ce qu'il advient de cette relation, de plus en plus chancelante au fur et à mesure que les politiques publiques française et gabonaise divergent, dans les années 1990 et dans le siècle présent. Nous en dirons quelques mots en conclusion.

Nous savons à quoi ressemblent les centres de Makokou et de Paimpont vus depuis l'extérieur mais cela n'est pas suffisant. Nous devons poursuivre notre cheminement, consolider le contexte tout en nous approchant pour mieux voir encore. Il nous faut à présent creuser autour du deuxième terme de notre sujet, la primatologie, à travers les acteurs et les actrices qui lui ont façonné une histoire, pour comprendre la place et le sens qu'y trouvent nos deux stations.

# II.

## Trajectoires individuelles et construction institutionnelle de la primatologie en France

Parmi d'autres justifications, l'étude des singes à Makokou est soutenue par l'argument de leur proximité phylogénétique avec les humains. Ainsi :

> L'intérêt de la biologie des primates tient, bien sûr, à ce qu'étant nos plus proches cousins dans la lignée animale, leur étude peut aider à mieux comprendre l'homme. Mais aussi, et c'est un des buts de ce laboratoire, leur élevage systématique devient une nécessité[1].

> Des études approfondies sur les Primates dans leur milieu naturel, de même que des recherches sur les meilleures manières de les élever constituent un des objectifs importants et actuels de la biologie. Ces recherches en primatologie intéressent des aspects fondamentaux du comportement animal, de l'évolution. Elles ont des incidences importantes en médecine humaine[2].

Plusieurs aspects de la recherche en primatologie s'appuient sur l'idée de travailler sur nous-mêmes en travaillant sur les

---

[1] Lernould cité dans l'article de « MBILA », Le peuple au sujet de la visite du président Bongo à Makokou le 08/04/1971.
CADN ; 364PO/1 ; 312 ; « CNRS. Laboratoire de primatologie et d'écologie équatoriale de Makokou. 1967-80 »

[2] Note non signée concernant le laboratoire de primatologie et d'écologie équatoriale de Makokou datant de 1971.
CADN ; 364PO/1 ; 312 ; « CNRS. Laboratoire de primatologie et d'écologie équatoriale de Makokou. 1967-80 »

primates non humains, qu'il s'agisse d'une recherche « fondamentale » sur les origines des comportements humains par exemple ou de la recherche médicale qui a besoin de modèles animaux dont la physiologie est proche de la nôtre. Le thème de la place de l'Homme est récurrent dans l'histoire de la primatologie et avant cela de la systématique. Souvenons-nous du problème qui se pose au moment de délimiter les frontières du genre *homo*, de Linné qui y classe l'orang-outan avec l'homme[3] ou de Christophe Boesch qui, plus de deux siècles plus tard, considère que les chimpanzés méritent d'être *homo* en raison d'une séparation entre leur matériel génétique et celui des humains plus fine qu'avec les autres grands singes[4]. Pourtant, tout cela n'est *a priori* pas nécessaire pour que zoologues et éthologues s'y intéressent. Au sein de chaque station, une foule d'espèces du lieu sont observées sans qu'importe véritablement le degré d'éloignement des unes et des autres avec l'homme. On les étudie tout simplement parce qu'elles se trouvent là. L'intérêt pour les primates est donc une évidence à Makokou, où vivent de façon habituelle 17 espèces[5], et par extension à Paimpont. L'enjeu de l'élevage n'est d'ailleurs pas évident : est-ce son utilité pour l'homme, la volonté de protéger des « parents » ou le souci de préserver certaines espèces, cousines ou non de la nôtre, qui l'emportent ?

Après cette première approximation, il n'est pas aussi facile qu'il y paraît de situer l'étude des primates dans l'organisation générale des sciences, entre sciences de l'homme et sciences du reste de la nature, ni d'affirmer précisément ce qui explique la construction de ce champ particulier de la recherche. Il en est de même au sujet des motivations des primatologues. La situation qui nous pose question pour la période qui commence avec les années 1960 a donc besoin d'une étude historique qui prenne son point de départ largement en amont pour être clarifiée. Il

---

[3] Ducros Albert et Jacqueline (2001), *op. cit.*, p. 48.
[4] Respectivement 1,6 % et 2,4 % entre chimpanzé et homme et entre chimpanzé et gorille.
Boesch Christophe (2001), « L'homme, le singe et l'outil : question de cultures ? », dans Yves Coppens, Pacal Picq (dir.), *op. cit.*, p. 174.
[5] IRET/ECOTROP (CNRS) (1987), *op. cit.*, p. 18.

s'agit ici de jalonner le chemin parcouru depuis la fin du XIXe siècle jusqu'aux années 1980 par la primatologie et nous choisissons de le faire en faisant référence à plusieurs institutions et sans doute davantage à une série d'individus. Il existe plusieurs autres approches pertinentes permettant d'écrire l'histoire d'une science mais, sans faire des scientifiques pris en exemple des « grands hommes » au sens épique, romantique ou officiel du terme, il nous semble approprié de nous concentrer sur ces quelques personnages, leurs actes, les idées qui les ont guidés ou les principes qu'ils ont développés, leur vie professionnelle et personnelle parfois, pour avoir une meilleure connaissance et compréhension de comment la primatologie est née et a acquis une position institutionnelle. Nous nous en tenons pour l'instant au contexte français, tout en mentionnant évidemment quelques liens et similitudes avec l'extérieur utiles à notre propos, car c'est de ce bain culturel et scientifique national qu'émergent les primatologues de Paimpont et de Makokou.

Annie Gautier-Hion appartient à une génération qui, dans « les années soixante, lorsque nous étions si peu nombreux que nous pouvions suivre pratiquement tout ce qui se passait sur le terrain des autres primatologues des universités européennes et anglo-saxonnes [6] », fait faire à la discipline des progrès considérables. Nous portons un regard plus appuyé sur elle car cela nous offre l'opportunité d'aller plus loin dans la réflexion sur l'individu dans la science, comprise à la fois dans sa singularité et au cœur d'influences multiples, et ainsi d'explorer un autre aspect de l'histoire de nos stations. Parce qu'elle est femme et primatologue à cette époque précise, il convient également de se demander en quoi elle est ou n'est pas une figure comparable à ses contemporaines Jane Goodall, Dian Fossey et d'autres moins connues du public.

[6] Hladik Claude-Marcel et Annette (2011), « Annie Gautier-Hion, 1940-2011 », *Revue de primatologie*, 3.

### A. L'émergence d'une discipline à part entière : vers une primatologie française

Le sens commun du XXIe siècle en France veut que l'étude de tout ce qui se rapporte aux animaux, et plus largement à la nature, relève des sciences « dures » et que tout ce qui se rapporte à ce qui serait spécifiquement humain, *grosso modo* ce qui est d'ordre culturel, relève des sciences humaines et sociales. La primatologie est donc généralement considérée comme une spécialité de la première catégorie. Il est frappant de voir que cette conception est totalement étrangère à celle du XIXe siècle. En effet, l'anthropologie et la zoologie sont alors pratiquées ensemble alors que de nos jours ces disciplines ne sauraient être mises en relation. Tout cela n'est pas si simple ni absolument juste mais nous exagérons le trait pour mieux introduire ce qui va suivre. Le profond clivage que nous connaissons entre les deux grandes branches de la science ainsi qu'entre leurs objets s'est construit au cours du XXe siècle avec :

> [...] un objectif presque constamment affiché par ceux qui l'invoquent : opérer une rupture radicale avec les discours sur l'homme, la société et la culture racistes, sexistes, eugéniques et, plus largement, discriminatoires – au premier rang desquels l'« anthropologie » du XIXe siècle [...] – qui se sont précisément appuyés sur la biologie pour donner une apparence de fondement scientifique à des doctrines inégalitaires, parfois génocidaires. Dans un contexte marqué par les horreurs perpétrées par les nazis au nom de la « hiérarchie naturelle » des « races », [...] la critique du scientisme occidental et de ses dérives a conduit l'anthropologie du XXe siècle à creuser le fossé entre nature et culture – sans doute à un point qui n'avait jamais été atteint auparavant dans le monde intellectuel occidental[7].

La primatologie s'inscrit pleinement dans cette évolution en tant qu'elle hérite à la fois d'une époque où la ligne de démarcation n'existe pas et du fait que la mise en place de

---

[7] Guillo Dominique (2015), « Quelle place faut-il faire aux animaux en sciences sociales ? Les limites des réhabilitations récentes de l'agentivité animale », *Revue française de sociologie*, vol. 56, p. 151.

celle-ci conduit la biologie seule, ou presque, à poursuivre le travail sur les primates non humains. Par-delà ce mur virtuel[8], les singes qu'elle observe sont des « monstres », « d'étranges créatures frontalières[9] » entre l'humanité et ce qui lui est extérieur, qui intriguent peut-être parce qu'ils rappellent le lien entre cette dernière et le monde qui l'entoure.

## 1. L'héritage des sciences du XIX^e siècle et du début du XX^e siècle

### *L'anthropologie de Paul Broca*

L'histoire des sciences au XIX^e siècle est instructive pour appréhender le rapport entre sciences sociales et primatologie dans la mesure où les premières y prennent corps en prenant appui sur les sciences naturelles. Ainsi, ces nouvelles sciences de la société sont alimentées par une cosmologie issue de l'anatomie comparée, discipline phare des sciences de la vie jusqu'au milieu du siècle. Théoriquement, les êtres vivants sont des êtres avant tout dotés d'une organisation qui peuvent être classés « en une série linéaire et ascendante couronnée par l'homme et graduée selon le degré de complexité de cette organisation ». De plus, cette classification montre une succession de formes considérées comme des étapes de développement : « celui des embryons, mais aussi, pour les biologistes transformistes [...], celui des espèces dans leur ensemble depuis les temps les plus anciens ». Cette vision du monde donne naissance à l'anthropologie dont la mission est d'étudier et de classer, suivant le même schéma, les différentes « races » humaines dont la forme la plus aboutie est l'homme occidental bourgeois. Plusieurs analogies se retrouvent en outre dans le discours naturaliste aussi bien que dans les analyses sociologiques ; l'organisme est pensé comme une société par

[8] Par cette tournure de phrase, nous nous référons à Descola Philippe (2005), *op. cit.*

[9] Haraway Donna (1991), *op. cit.*, p. 18-19.

Sur le thème de la frontière homme/animal, voir aussi Leblan Vincent (2018), *op. cit.*

Henri Milne-Edwards dès les années 1820 et la société comme un organisme vivant notamment par Auguste Comte et Herbert Spencer. Les incidences de cette façon d'appliquer à tous les phénomènes zoologiques et sociaux observables le triptyque « organisation-classification sériaire-développement » sont nombreuses, embrassant la biologie, la médecine, la philosophie, la sociologie et même la littérature[10].

Paul Broca est l'une des personnalités qui incarnent cet élan créatif. Originaire de Sainte-Foy-la-Grande, il est médecin, chirurgien et membre actif des Sociétés de biologie et de chirurgie avant de fonder la Société d'anthropologie de Paris (SAP) en 1859, première société au monde à utiliser dans son nom le mot « anthropologie ». Plusieurs facteurs concourent à cela, le premier étant son intérêt grandissant pour des questions propres aux sciences naturelles telles que la définition de l'espèce ou l'influence du milieu sur la taille et l'aspect du corps de l'*aster tripolium*. L'attitude du président de la Société de biologie, peu enclin à le laisser partager son point de vue, le souhait de devancer la création de la Société d'ethnographie, en préparation à partir de 1857, et la multiplication des fouilles dans plusieurs régions d'Europe, qui se soldent en 1856 par la découverte de fragments du squelette de Néandertal, poussent ensuite Broca à s'engager en 1858 dans son propre projet. Il reste secrétaire général de la SAP jusqu'à sa mort, en 1880, alors qu'elle est à son apogée et devenue un modèle pour nombre de sociétés européennes et américaines. Son ambition est de mener de front des recherches sur l'espèce humaine à travers sa description naturaliste, ses différentes variétés sur terre et son passé préhistorique[11]. Des disciplines et champs de connaissances variés y sont représentés qui peuvent être répartis entre anthropologie physique, archéologie, mœurs-culture et linguistique selon ce même ordre d'importance. Toutes à l'exception de la dernière ont recours aux sciences naturelles et médicales et les publications au sujet des caractéristiques physiques de l'homme dominent clairement dans les *Bulletins*

---

[10] Guillo Dominique (2015), *op. cit.*, p. 144-146.

[11] Wartelle Jean-Claude (2004), « La Société d'anthropologie de Paris de 1859 à 1920 », *Revue d'histoire des sciences humaines*, n° 10, p. 126-130.

*et Mémoires* de la SAP. Craniométrie, encéphalométrie et préhistoire y sont fondamentales[12]. Les spécialités du fondateur, c'est-à-dire la craniologie et l'anatomie, sont particulièrement mises en avant. Dans ces domaines, Broca crée ou améliore plus d'une trentaine d'appareils, effectue des dizaines de milliers de mesures et généralise l'usage des statistiques[13]. Si l'humain est omniprésent, le singe n'est pas loin. Effectivement, des individus, ou des morceaux d'individus sont minutieusement examinés et les caractéristiques relevées décrites lors de séances dans une démarche de comparaison avec celles de l'homme ou bien d'autres singes. Nous pouvons citer le cas du crâne d'un jeune mandrill du Muséum qui montre une déformation proche de la plagiocéphalie connue chez l'homme[14], celui d'un garçon dont la main est comparée entre autres aux moulages de mains de chimpanzé, gorille et orang-outan[15], celui du modelage en cire d'un cerveau de gorille mis en parallèle avec les observations faites sur d'autres « anthropoïdes » en opposition à celles faites sur des singes cynocéphales[16] ou encore la présentation des moules de trois cerveaux d'orangs-outans appartenant apparemment à différentes espèces[17]. La séance du 1er avril 1869 est un exemple plus consistant par l'ampleur de l'article dont elle fait l'objet, soit 173 pages intitulées « L'ordre des primates : parallèle anatomique de l'homme et des singes » accompagnées d'une dizaine de dessins[18]. Son titre est aussi explicite que celui de ses parties, le corps entier est étudié : système osseux, mains, pieds, appareil musculaire, peau et organes des sens, dentition et os

---

[12] *Ibid.*, p. 169.

[13] *Ibid.*, p. 129.

[14] Broca Paul (1877a), « De la plagiocéphalie chez le singe », *Bulletins de la Société d'anthropologie de Paris*, II° série, tome 12, p. 402.

[15] Broca Paul (1877b), « Le pli transversal du singe dans la main de l'homme », *Bulletins de la Société d'anthropologie de Paris*, II° série, tome 12, p. 431-432.

[16] Broca Paul (1877c), « Sur le cerveau du gorille », *Bulletins de la Société d'anthropologie de Paris*, II° série, tome 12, p. 432-439.

[17] Broca Paul (1879), « Sur trois cerveaux d'orangs », *Bulletins de la Société d'anthropologie de Paris*, III° série, tome 2, p. 607-608.

[18] Broca Paul (1869), « L'ordre des primates : parallèle anatomique de l'homme et des singes », *Bulletins de la Société d'anthropologie de Paris*, II° série, tome 4, p. 228-401.

intermaxillaire, appareil digestif, appareil de la circulation, appareil de la respiration et de la voix, cerveau. La première partie fait office d'introduction dans laquelle l'auteur se pose en arbitre des débats de son temps.

> Aujourd'hui je me bornerai exclusivement à chercher quelle est la place que l'anatomie comparée doit assigner au genre Homme dans la classification des mammifères. [...]
>
> C'est la question qui se pose partout en zootaxie. On pèse les analogies et les différences ; on fait ou en défait les groupes, sans autre but que de trouver les meilleures divisions, les divisions les plus naturelles, et sans se départir du calme qui doit toujours présider aux recherches scientifiques. Ce calme nous serait-il interdit ici, parce que nous nous trouvons nous-mêmes en cause ? Mais si une société d'anthropologie a été fondée, c'est sans doute pour appliquer à l'étude de l'homme les procédés de la science. Suivons donc la méthode que nous suivrions si nous avions à classer un animal nouvellement découvert [...].
>
> Il n'y a pas de milieu : ou bien l'homme n'est pas un animal, et alors il n'y a pas à le classer ; ou bien l'homme fait partie du règne animal, et alors il faut qu'il subisse la loi commune des méthodes zoologiques. [...] L'homme a des vertèbres, il ne peut donc être séparé de l'embranchement des vertébrés ; il a des mamelles, il ne peut donc être retiré de la classe des mammifères.
>
> [...] après avoir reconnu que l'homme ne peut constituer ni plus qu'un ordre ni moins qu'une famille, il ne reste plus qu'à choisir entre deux alternatives. Faut-il admettre, avec Blumenbach, Duméril, Cuvier et la plupart des auteurs contemporains, que l'homme forme à lui seul le premier ordre des mammifères, l'*ordre des bimanes*, distinct de l'*ordre des quadrumanes* par des caractères de valeur ordinale ? Ou, avec Charles Bonaparte, Dugès, Godman et Isidore Geoffroy Saint-Hilare, que ces caractères distinctifs sont seulement de valeur familiale, et que les deux ordres des bimanes et des quadrumanes doivent être fusionnés dans l'*ordre des primates*, dont l'homme ne constituerait que la première famille[19] ?

---

[19] *Ibid.*, p. 230-234.

Broca tranche en faveur de la seconde hypothèse et propose une division des primates en cinq familles – hominiens, anthropoïdes, pithéciens, cébiens et lémuriens – d'après des critères anatomiques[20]. Cette vision de l'anthropologie n'a plus vraiment cours à la fin du XXe siècle en France où elle s'attache le plus souvent au décryptage du fonctionnement des sociétés exclusivement humaines, bien loin de la physiologie. Cela dit, les principes théoriques et méthodologiques de Broca, actualisés et débarrassés de leurs prolongements racistes, perdurent dans d'autres traditions scientifiques. Le découpage des sciences dans certaines universités anglo-saxonnes fait revêtir au vocable *anthropology* une signification qui donne une place à la primatologie, laquelle y a pour fonction d'« élucider les origines de l'humanité et les origines de la nature humaine en usant de comparaisons morphologiques et comportementales entre les primates non humains vivants, les fossiles de primates et les humains[21] ». La paléontologie continue tout au long du XXe siècle de s'intéresser aux restes animaux et humains dans une vaste entreprise de compréhension d'un lointain passé et de l'évolution du vivant, en témoignent les carrières du Français Camille Arambourg et du Kenyan Louis Leakey qui tiennent les rênes de la discipline en Afrique jusqu'à leur mort en 1969 et 1972. Le dernier se fait d'ailleurs le promoteur d'enquêtes de longue durée sur les primates, en envoyant sur le terrain Goodall, Fossey et Birute Galdikas, et fonde le Centre de primatologie de Tigoni[22]. Enfin, sans qu'il soit cette fois question de l'homme, la morphologie comparée et la paléontologie sont des renforts notables, dans *A primate*

[20] *Ibid.*, p. 240-241.

[21] Dans la version originale : « *to elucidate human origins and the origins of human nature using morphological and behavorial comparisons among living nonhuman primates, fossil primates, and humans* ».
Rodman P. S. (1999), « Whither Primatology? The Place of Primates in Contemporary Anthropology », *Annual Review of Anthropology*, vol. 28, p. 312.

[22] Coppens Yves (1979), « Camille Arambourg et Louis Leakey ou un ½ siècle de paléontologie africaine », *Bulletin de la société préhistorique française*, t. 76, n° 10/12, p. 291-323.

*radiation*, pour appréhender les cercopithécinés avec une visée évolutionniste[23].

*Psychologie animale et recherches pasteuriennes*

La théorie darwinienne en tant que telle ne fait pas consensus mais la SAP admet assez tôt le principe général du transformisme[24]. Toutefois, dans son texte de 1869, Broca insiste auprès de son auditoire pour faire une distinction que nous jugeons important de rapporter car les pages qui précèdent peuvent prêter à confusion : la classification des êtres et la recherche des origines de l'homme sont des tâches distinctes. Ainsi, on peut refuser l'idée d'un ancêtre commun aux singes et aux humains et accepter de les ranger dans un même ordre ou à l'inverse être darwinien tout en considérant que l'évolution a trop éloigné les hommes des singes pour qu'il soit question d'en faire des primates[25]. En d'autres termes, la ressemblance et la parenté sont deux choses différentes. Ceci étant dit, il est difficile de ne pas les mêler lorsque l'on traite d'une période qui voit les positions fixistes se raréfier dans les rangs de la communauté scientifique française en nous faisant entrer dans le XXe siècle. À ce moment, la psychologie, un temps incluse dans le très large champ de l'anthropologie[26], s'autonomise. Autour des années 1902-1907, sous l'influence d'Henri Piéron, elle tente de s'affranchir aussi de la philosophie et devient une science expérimentale. Dans ce contexte, l'étude des animaux vivants joue un grand rôle en tant qu'outil de légitimation. À l'instar de l'anatomie comparée du siècle qui vient de s'achever, la « nouvelle » psychologie s'appuie donc nécessairement sur le postulat d'une continuité au sein du règne animal. Piéron,

---

[23] Dans Annie Gautier-Hion *et al.* (1988), *op. cit.* :
Leakey Meave, « Fossil evidence for the evolution of the guenons », p. 7-12.
Hamilton Alan C., « Guenon evolution and forest history », p. 13-34.
Pickford Martin, Senut Brigitte, « Habitat and locomotion in Miocene cercopithecoids », p. 35-53.
Kingdon Jonathan, « Comparative morphology of hands and feet in the genus *Cercopithecus* », p. 184-193.

[24] Wartelle Jean-Claude (2004), *op. cit.*

[25] Broca Paul (1869), *op. cit.*, p. 229-230.

[26] Wartelle Jean-Claude (2004), *op. cit.*, p. 169.

marqué par l'imposture des « chevaux savants » qui font sensation à la même époque, rejette tout questionnement sur l'intelligence animale et fait du « comportement » l'objet de sa psychologie. Louis Boutan adhère à cela dans la mesure où il pense aussi que la psychologie zoologique ne peut étudier que les seules manifestations extérieures d'une éventuelle conscience et pas la conscience elle-même. Ceci dit, il est zoologiste de formation et sa thèse de 1886 sur l'anatomie et le développement d'une bernique est une preuve de l'influence première d'Ernst Haeckel qui affirme que « l'ontogenèse est une courte récapitulation de la phylogenèse ». Cela explique qu'il prenne malgré tout pour thèmes d'étude le langage et l'intelligence des singes en adoptant une approche comparative entre Pépée, une femelle gibbon acquise en Indochine en 1907, et des enfants dès son retour en métropole. L'idée est que l'enfant peut être une clé de déchiffrement des réactions du singe face à diverses situations car, étant un homme en formation, son comportement dans les mêmes situations est plus facilement interprétable par l'observateur adulte qui peut par analogie deviner ce qui motive les gestes de l'animal[27].

La proximité entre le singe et l'homme est par ailleurs d'une grande importance pour la recherche en médecine. En effet, le singe devient un animal modèle en laboratoire dans le cadre des travaux d'Elie Metchnikoff sur la syphilis. Après sa mort en 1916, Albert Calmette, bactériologiste et darwinien, fait figure de continuateur[28]. Il participe à la fondation de l'Institut Pasteur de Kindia, surnommé « Pastoria », en Guinée française, en 1923. Le centre est destiné à ses débuts à tester le vaccin contre la tuberculose sur des chimpanzés et dans une moindre mesure des cercopithèques et des cercocèbes. On y fait aussi de la médecine vétérinaire. Le souhait de Calmette est, en outre, d'y développer des investigations sur l'intelligence des chimpanzés. Robert Wilbert, directeur de Pastoria, réalise des observations éparses sur leur psychologie, soulignant leur grande ressemblance avec les « humains primitifs » et leur « raisonnement rudimentaire ». Les Américains Robert Yerkes

[27] Thomas Marion (2008), *op. cit.*, p. 224-228.
[28] Thomas Marion (2017), *op. cit.*, p. 14.

et Henry Nissen se rendent sur place respectivement en 1929 et 1930, le premier préparant la venue du second. Leurs objectifs sont d'évaluer la faisabilité d'un travail de terrain, d'établir des modalités d'observation des chimpanzés sauvages, d'« internationaliser » la recherche sur les primates et de procéder à des captures pour approvisionner leurs propres laboratoires. La recherche comportementale sur place demeure cependant très limitée et le souhait de Calmette ne trouve une réponse qu'à Paris grâce aux psychologues Paul Guillaume et Ignace Meyerson. Ces derniers profitent pour cela du fait que de nombreux singes sont envoyés depuis Pastoria à l'Institut Pasteur et des relations de Calmette avec le directeur du Muséum national d'histoire naturelle, Édouard Bourdelle, qui leur donne accès à la Ménagerie[29].

L'intérêt porté aux singes pour la médecine se retrouve plusieurs décennies plus tard à Makokou. Il est alors question que la station joue un rôle dans la recherche biomédicale, notamment par l'intermédiaire de tests de laboratoire sur place ou bien de l'exportation, en réalité en théorie davantage qu'en pratique[30]. Nous aurons l'occasion d'y revenir. La part de l'héritage qui nous intéresse en premier lieu ici est celle de la démarche expérimentale en psychologie. Boutan, influencé par le travail d'Edward Thorndike, fait du contrôle et de la répétition des expériences ses critères de scientificité. L'aménagement d'un local de la faculté des sciences de Bordeaux, où il est nommé en 1909 professeur de zoologie et de physiologie animale, est pensé dans ce sens. Tout est fait pour que Pépée et les enfants agissent « naturellement » sans se savoir vus. Le dispositif est le suivant : Boutan se cache avant chaque séance dans un « cabinet noir » depuis lequel il peut observer et photographier à leur insu, par un système d'ouvertures, ce qui se passe dans une pièce où se trouve le

---

[29] *Ibid.*, p. 1-7.
Voir aussi Leblan Vincent (2018), *op. cit.*
[30] Voir toute une série de documents que nous détaillerons dans le chapitre suivant.
CADN ; 364PO/1 ; 312 ; « CNRS. Laboratoire de primatologie et d'écologie Eéuatoriale de Makokou. 1967-80 »

gibbon et dans une pièce où se trouvent les enfants. Les sujets de Boutan doivent ouvrir des « boîtes à problèmes » contenant de la nourriture, inspirée partiellement des *puzzle-box* de Thorndike, en déplaçant des targettes dans différentes directions ou encore en activant une poire. Sur certaines boîtes, le mécanisme est visible, sur d'autres il est caché. Ce que le psychologue veut savoir, c'est si le langage est nécessaire au développement d'une pensée abstraite ou si un « raisonnement rudimentaire » est possible en l'absence de maîtrise de la parole. Pour lui, l'ouverture des boîtes à mécanisme caché indique un raisonnement duquel découlent des gestes intentionnels qui dépassent un simple comportement par « essais et erreurs[31] ». Guillaume et Meyerson s'inspirent des tests du détour de Wolfgang Köhler en les adaptant à la contrainte que les singes de l'Institut Pasteur et de la Ménagerie sont enfermés dans des cages. Un objet de convoitise est placé de différentes façons à l'extérieur de la cage et le sujet doit le déplacer vers lui en s'aidant d'un bâton. Au degré le plus élevé de difficulté, il faut pousser l'objet dans une direction opposée pour lui faire faire un détour et ainsi l'obtenir. Comme les boîtes à problèmes, ces tests proposent des situations suffisamment simples pour que la conduite des individus observés ne donne lieu qu'à une seule interprétation. Le moment, si cela se produit, où l'animal reconnaît une solution à un problème après de multiples essais est identifiable sur une courbe. Guillaume et Meyerson disposent, de 1927 à 1937, d'une trentaine de singes d'espèces variées, ce qui leur permet d'établir un classement de niveaux d'intelligence dans lequel les chimpanzés trônent aux premières places, loin devant les orangs-outans, les mangabeys et les babouins. En fait, seuls les chimpanzés se montrent selon le duo de scientifiques capables de penser une situation dans sa globalité[32]. Boutan, lui, reconnaît à son gibbon un « raisonnement embryonnaire », l'animal comprenant comment ouvrir la boîte à mécanisme

[31] Thomas Marion (2008), *op. cit.*, p. 227 et 229-231.
[32] Thomas Marion (2017), *op. cit.*, p. 7-12.
Pour approfondir, lire la série d'articles de Guillaume et Meyerson (1930-1937) publiée sous le titre « Recherches sur l'usage de l'instrument chez les singes », *Journal de psychologie normale et pathologique*.

caché. Pourtant, il édulcore ses propos, probablement pour ne pas risquer d'être associé à la supercherie des « chevaux savants », et conclut en 1914 que seuls les enfants doués de parole ont la capacité d'ouvrir du premier coup ladite boîte. Le privilège de la raison reposerait donc sur la possession du langage verbal. Il faut envisager cela dans le contexte très vivant des débats sur l'intelligence enfantine et l'éducation de ce début de siècle. Les partisans des « méthodes actives », qui valorisent la spontanéité, s'opposent aux tenants d'un « dressage » mécanique visant à améliorer le comportement. Boutan, sans doute plus proche du premier camp, est sensible à ces questions éducatives, ce qui permet de comprendre qu'il se préoccupe surtout de mettre en avant les capacités mentales des enfants[33]. Dans un autre registre, Calmette s'interroge en 1924 sur la perfectibilité de l'intelligence du chimpanzé par la pédagogie[34]. Quoi qu'il en soit, dans le cadre du présent travail, nous devons souligner l'étape que franchit la primatologie naissante en élaborant des protocoles expérimentaux qui présagent ceux de la seconde moitié du XXe siècle.

## 2. Évolution d'une science du XXe siècle

### *L'éthologie et la psychophysiologie de l'ère Grassé*

La biologie au XIXe siècle est une science de la vie qui s'exerce essentiellement sur des cadavres. C'est le cas pour l'anatomie comparée qui est instituée par Georges Cuvier, décédé en 1832 alors que Broca n'a que 8 ans, au Muséum d'histoire naturelle de Paris. Un peu plus tard, la physiologie de l'école bernardienne pratique la dissection et développe l'expérimentation sur des animaux. Certains scientifiques,

---

[33] Thomas Marion (2008), *op. cit.*, p. 231-235.
Pour approfondir, lire Boutan Louis (1913) ; « Le pseudo-langage : observations effectuées sur un Anthropoïde, le Gibbon (*Hylobates leucogenys* – Ogilby) », *Actes de la société linnéenne de Bordeaux,* vol. 67, p. 5-79.
Boutan Louis (1914), « Les deux méthodes de l'enfant », *Actes de la société linnéenne de Bordeaux*, vol. 68, p. 217-360.
[34] Thomas Marion (2017), *op. cit.*, p. 2.

comme l'entomologiste Jean-Henri Fabre en 1882, s'opposent à cela en condamnant vigoureusement tous ces procédés : « vous scrutez la mort, je scrute la vie », écrit-il[35]. L'éthologie apparaît alors en étant définie, entre autres par William Morton Wheeler dès 1902, comme l'étude des animaux vivants par le prisme de leur comportement « en relation avec leur environnement organique et inorganique », « complexe et instable », en opposition aux « sections de paraffine d'animaux et de plantes, [aux] spécimens morts montés sur des épingles entre des lames et des papiers buvards[36] ». L'éthologie dite « moderne » naît du travail d'un collectif qui se regroupe autour de Tinbergen et Lorenz à partir de la fin des années 1940[37]. Dans un souci de scientificité, Lorenz considère à son tour qu'un milieu sans contrainte artificielle, la nature donc, est le seul qui permette l'observation de comportements authentiques. De plus, il prône une approche comparée similaire à ce qui se fait en anatomie. Il estime ainsi que l'étude des comportements peut fournir des critères aussi valables que les critères physiques pour identifier des espèces et construire des arbres phylogénétiques[38].

En France, l'histoire de l'étude du comportement animal présente des traits distinctifs de ce qui se passe pour les autres nations scientifiques. En 1911, Georges Bohn, qui dirige le laboratoire de biologie et psychologie comparée à l'École des hautes études décrit la psychologie animale comme transformée grâce aux grandes contributions des psychologues américains, de Pavlov et de ses collègues à Saint-Pétersbourg, d'Édouard Claparède à Genève et aux siennes qui consistent à appliquer « la méthode éthologique à l'étude des activités des animaux inférieurs ». L'Allemagne et l'Angleterre sont extérieures à ce

---

[35] Jean-Henri Fabre (1882), *Nouveaux souvenirs entomologiques : études sur l'instinct et les mœurs des insectes*, p. 12.
Cité par Thomas Marion (2010), *op. cit.*, p. 284.
[36] William Morton Wheeler, « "Natural history", "Oecology", or "Ethology" », *Science, New Series*, vol. 15, n° 390, p. 974.
William Morton Wheeler (1911), « The Ant Colony as an Organism », *The Journal of Morphology*, vol. 2, p. 307-308.
Cité et traduit par Thomas Marion (2010), *op. cit.*, p. 284.
[37] Chavot Philippe (1994), *op. cit.*, p. 25.
[38] Thomas Marion (2010), *op. cit.*, p. 283-286.

« grand mouvement de rénovation[39] » alors que c'est là que sera justement localisé plus tard l'épicentre de l'éthologie moderne, avec Lorenz en poste au nouvel institut Max Planck de Buldern et Tinbergen à Oxford. Leur courant, aussi appelé « objectivisme » et que nous tenterons d'expliciter plus bas, est vivement soutenu par Chauvin qui pense que celui-ci « marquera dans l'histoire de la psychologie animale autant que l'évolution dans les sciences biologiques[40] », mais ne fait pas l'unanimité dans l'hexagone. Grassé réfute notamment son caractère révolutionnaire en arguant que les entomologistes français des siècles passés ont devancé les objectivistes dans leurs prétendues découvertes. En d'autres termes, ces derniers n'ont rien inventé et ont même ignoré ses propres recherches sur les termites, privilégiant l'étude des oiseaux et des mammifères. L'accusation de Grassé n'est pas tout à fait exacte, la question des insectes étant présente dans le travail de Tinbergen par exemple, mais fait écho à une réalité. En prenant pour référence la revue *L'Année psychologique* de 1914 à 1950, Richard W. Burkhardt montre que les publications d'auteurs français à propos du comportement des invertébrés sont plus de trois fois plus nombreuses que celle sur les vertébrés, plus de quatre fois plus pour les seules années 1930. Cette prépondérance fait de la France une exception sur le plan international. Guillaume et Meyerson, que nous avons mentionnés, sont en fait presque les seuls à travailler de façon soutenue sur le comportement de vertébrés. Les chercheurs les plus prolifiques sont alors Étienne Rabaud, avec 74 textes sur les 175 recensés, loin devant, dans l'ordre, Gaston Viaud, Piéron, Grassé, A. Rochon-Duvigneaud, Lucien Berland, Marguerite Combes et Chauvin. L'ophtalmologiste Rochon-Duvigneaud est le seul d'entre eux dont les recherches

---

[39] Georges Bohn (1911), *La nouvelle psychologie animale*, Paris, Felix Alcan, p. 1-2.
Cité par Burkhardt Richard W. (1994), « Le comportement animal et la biologie française. 1920-1950 », dans Claude Debru, Jean Gayon, Jean-François Picard, *Les sciences biologiques et médicales en France 1920-1950, Actes du colloque de Dijon, 25-27 juin 1992*, CNRS Éditions, p. 99-100.
[40] Remy Chauvin (1956), *Vie et mœurs des insectes,* Paris, Payot, p. 71.
Cité par Burkhardt, *Ibid.*, p. 100.

concernent prioritairement des vertébrés[41]. Notons que Rabaud, figure majeure de la biologie française jusqu'à sa retraite en 1938, se pose également en opposant aux positions de Lorenz. La plupart des chercheurs français restent en retrait de la scène éthologique mondiale jusqu'au congrès de Rennes de 1969 malgré la tenue en France de deux conférences internationales en 1950 et 1954 : un colloque du CNRS organisé par Grassé à Paris et intitulé « Structure et physiologie des sociétés animales » et une conférence de la fondation Singer-Polignac sur « L'instinct dans le comportement des animaux et de l'homme[42] ».

Sur le plan académique, les sciences du comportement en France connaissent un essor tardif, fruit d'une évolution lente car freinée par les sciences naturelles. À partir des années 1910, Piéron milite pour la mise en place d'une formation en psychophysiologie. Il l'enseigne à la faculté des lettres, à l'École pratique des hautes études (EPHE), au Collège de France et bien sûr à l'Institut de psychologie de Paris, né sous son impulsion dans l'entre-deux-guerres, mais n'est pas entendu par la faculté des sciences[43]. Dans les années 1930, la biologie marine domine la zoologie française, laissant peu de place à l'étude du comportement[44]. Il n'obtient gain de cause qu'en 1943 avec la création du certificat d'enseignement supérieur (CES) de psychophysiologie, projet qu'il demande à Grassé de finaliser. La licence de psychologie naît en 1947. Celle-ci contient 4 certificats : « psychologie », « psychologie de la vie sociale » et « psychologie de l'enfant et pédagogie » rattachés à

[41] En comparaison, le ratio des études sur le comportement des vertébrés et des invertébrés est équilibré en Belgique et en Allemagne dans les années 1930. Aux Pays-Bas et aux États-Unis sur la même période, les études sur les vertébrés dominent largement. Il faut cela dit préciser que la relative hégémonie des entomologistes à l'échelle de la France ne signifie pas que l'entomologie française est leader au niveau international : l'Allemagne, la Belgique et les Pays-Bas rivalisent sans problème avec la France et les propres travaux de Grassé sur les termites n'ont pas plus de succès que ceux de Von Frisch sur les abeilles ou de Baerends sur les guêpes.

*Ibid.*, p. 102-103.

[42] *Ibid.*

[43] Chavot Philippe (1994), *op. cit.*, p. 361-364.

[44] *Ibid.*, p. 343-344.

la faculté des lettres ; « psychophysiologie » à la faculté des sciences. Toutefois, 15 ans plus tard, 1 à 5 universités seulement sur les 13 qui proposent la licence préparent au quatrième certificat[45]. Du côté de la biologie, c'est la génétique qui a les faveurs du CNRS après-guerre[46]. Grassé, qui exerce durant sa carrière de multiples fonctions de professeur[47], gagne pendant ce temps en influence : il devient membre du directoire du CNRS en 1945, membre du Comité consultatif des universités (CCU) en 1946 et entre à l'Académie des sciences, à la section de biologie animale et végétale, en 1948. « Dès lors, pour réussir il faut passer par lui, il faut être son ami », selon Rachelle Laurand[48]. Son rejet de l'éthologie se traduit par un positionnement ambigu. Dans les années 1950, il oriente apparemment le CNRS vers une zoologie descriptive et ne donne pas l'opportunité à ses étudiants d'entreprendre des recherches sur le comportement animal[49]. Pourtant, déjà en 1948, il écrivait : « L'observation de l'animal en action, l'expérimentation à laquelle il s'offre m'ont toujours plus intéressé que la dissection ou même le débitage en coupes. Aussi, depuis une dizaine d'années, la psychophysiologie est-elle devenue mon principal champ de recherches[50] ». Dès le milieu des années 1950 et le début des années 1960, il « place » ses élèves à des postes de maîtres de conférences et de professeurs en psychophysiologie : Richard à Rennes, Maurice Vuillaume à Nancy, Chauvin à Strasbourg puis Nanterre, Henri

---

[45] *Ibid.*, p. 402.
[46] *Ibid.*, p. 406-407.
[47] Il est professeur à la chaire de zoologie de l'université de Montpellier en 1929, enseignant de psychophysiologie comparée à l'Institut de psychologie en 1938, directeur du laboratoire de biologie et de psychologie comparée de l'EPHE en 1939, élu à la chaire d'évolution des êtres organisés de la Sorbonne en 1941 pour ne citer que quelques-unes de ses charges.
*Ibid.*, p. 386-389.
[48] Laurand Rachelle (1991), *Pierre Paul Grassé (1895-1985). Un zoologiste se penche sur l'évolution,* Mémoire de
maîtrise, Université de Lyon, p. 22.
Citée par Chavot, *Ibid.*, p. 387.
[49] *Ibid.*, p. 401.
[50] Pierre-Paul Grassé ; *Notice sommaire sur les travaux scientifiques de Pierre-P. Grassé* ; 1948 ; p. 7-8.
Cité par Burkhardt Richard W. (1994), *op. cit.*, p. 107.

Verron à Tours, André Steiner à Montpellier, Yveline Leroy à Dijon. Un changement semble s'être initié suite à une réforme de la licence de psychologie en 1957 et la création d'un certificat de psychophysiologie comparée, lequel est largement investi par des biologistes et des naturalistes. Dans les années 1960, la psychophysiologie est soutenue par le CNRS et on l'intègre dans les cursus de biologie. L'opposition de Grassé à l'éthologie perd de son poids et un glissement s'opère. Celle-ci s'installe enfin : en 1964, 10 laboratoires de psychologie sur 32 mènent des recherches éthologiques dont 6 en lien avec la psychophysiologie[51].

### *1969-1978 : l'établissement de la primatologie à Paimpont et Strasbourg*

En 1969, deux ans après le départ en retraite de Grassé, aucun « laboratoire de primatologie » n'existe sur le territoire français. Il s'agit là de l'un des arguments avancés par Gautier et Gautier-Hion pour installer à Paimpont ce qui serait « un premier centre d'élevage[52] ». Bien entendu, il y a des singes en France au service de la science depuis longtemps. Aux exemples déjà cités, nous pouvons ajouter celui de l'élevage créé par le gynécologue Serge Voronoff près de Menton, en 1924, et approvisionné en animaux grâce à des missionnaires spiritains et à Pastoria. Les singes de Menton sont utilisés pour des expérimentations en chirurgie[53]. C'est grâce à une institution comme l'Institut Pasteur de Paris que Guillaume et Meyerson peuvent trouver des spécimens à observer sans avoir à voyager mais la situation n'est pas idéale. Sans parler des conditions de leur captivité, les chimpanzés dont ils disposent sont, avant de leur être confiés, soumis à des expériences biomédicales et parfois, dans le cadre de la recherche sur le cancer, à des opérations chirurgicales traumatisantes. Certains deviennent très craintifs à l'égard des humains et leur durée de

---

[51] Chavot Philippe (1994), *op. cit.*, p. 410-413.
[52] Rapport de Jean-Pierre Gautier au recteur du 06/03/1969. ADIV ; 243W58 ; « Élevage des cercopithèques »
[53] Leblan Vincent (2018), *op. cit.*, p. 397-398.

vie est de toute façon réduite[54]. La nouveauté à la station biologique de Paimpont réside donc dans le fait que la recherche éthologique y est prioritaire. Ceci dit, ce n'est qu'en 1978 qu'un centre ouvre avec les singes pour seuls et uniques objets d'étude : le Centre de primatologie de Strasbourg (CdP). Ainsi, après plusieurs dizaines d'années de difficulté à voir l'éthologie s'implanter, la primatologie française devient une réalité concrète sur son sol en l'espace de 9 ans avec ses bâtiments et ses enclos, ses primates et ses primatologues.

La naissance du CdP peut être racontée comme la rencontre de deux histoires : celle d'un homme, Nicolas Herrenschmidt, avec celle de la psychophysiologie à l'université de Strasbourg. Herrenschmidt n'est pas scientifique de formation. En 1970, il se rend régulièrement à Kintzheim en tant que photographe indépendant pour y photographier les magots de la Montagne des singes où ils vivent en semi-liberté. Il se lie d'amitié avec les directeurs du parc animalier et se rend au Maroc où il capture pour eux deux fois 120 magots. Dans les années qui suivent, il fonde, avec son ami Bernard de Reinach, le frère de celui-ci et Olivier Fabre, la station expérimentale de Landskron qui accueille des macaques de Tonkean[55]. C'est cette espèce, observée en captivité en Alsace et lors d'une mission de 3 mois en Indonésie en 1979, qui lui donne la matière de sa thèse[56]. Son entrée dans le monde de la recherche universitaire est due à plusieurs relations qui le mettent en contact avec Hans Krummer, président de la Société internationale de primatologie. Ce dernier l'envoie à l'université de Strasbourg auprès de Philippe Ropartz[57]. Il le rencontre en 1974 et commence à travailler l'année suivante au laboratoire de psychophysiologie dont celui-ci est le directeur depuis 1968. Herrenschmidt obtient son DESS en 1977 et son doctorat en

---

[54] Thomas Marion (2017), *op. cit.*, p. 9.

[55] Hoenen Laure (2014), *op. cit,*, p. 21-24.

[56] Herrenschmidt Nicolas (1985), *Le macaque de Tonkean (Macaca tonkeanan, Meyer 1899) : Situation taxonomique, biologie de la reproduction et répertoire comportemental.*
Cité par Hoenen, *Ibid.*, p. 27-28.

[57] *Ibid.*, p. 28-29.

1985. En fait, des primates vivent au laboratoire depuis 1964-1968, en l'occurrence une vingtaine de macaques de Java. L'autodidacte devenu primatologue se lance rapidement dans son grand projet : créer un lieu où les macaques de la station de Landskron et ceux du laboratoire strasbourgeois évolueraient en semi-liberté[58]. C'est chose faite avec le CdP qui s'installe au fort Foch, ancienne forteresse bismarckienne passée du ministère des Armées à celui de l'Éducation nationale en 1972, dont la partie nord est attribuée au laboratoire de psychophysiologie en 1978, la totalité en 1985. En réalité l'université ne tarde pas à séparer administrativement le CdP du laboratoire et à placer Herrenschmidt à sa tête[59].

L'émergence de la primatologie précisément à Paimpont et Strasbourg n'est pas due qu'aux choix personnels des Gautier et d'Herrenschmidt. Dans chaque lieu, ces initiatives individuelles trouvent un terreau institutionnel favorable. En effet, l'université de Rennes est sans doute celle qui est la plus active dans le champ de l'éthologie dans les années 1960-1970[60] et l'université de Strasbourg celle qui, avant cela, répond le mieux en province au développement des sciences du comportement, proposant la licence complète de psychologie dès la fin des années 1940 notamment grâce à Gaston Viaud qui dispense les cours du CES de psychophysiologie et établit à la faculté des sciences ledit laboratoire en 1945[61]. Les espèces de primates choisies sont distinctes : des macaques d'Asie du Sud-Est au CdP, des cercopithèques d'Afrique centrale à Paimpont ; mais le jeu des différences peut être poussé plus loin. La divergence la plus évidente est incontestablement le choix fait à Strasbourg de faire affaire avec l'industrie pharmaceutique. Dès 1979, en marge du congrès de la Société internationale de primatologie à Bangalore, Herrenschmidt tisse des liens avec le laboratoire Sandoz[62] qui donnent lieu à un premier contrat. Même si le centre ne procède pas directement aux expérimentations, il

---

[58] *Ibid.*, p. 32-37.
[59] *Ibid.*, p. 43-45.
[60] Chavot Philippe (1994), *op. cit.*, p. 448.
[61] *Ibid.*, p. 381-382.
[62] Hoenen Laure (2014), *op. cit.*, p. 30-31.

assure l'élevage des bêtes vendues à la recherche biomédicale privée comme publique. Cela répond à un besoin en animaux pour la phase d'essais précliniques, obligatoire pour tester les nouvelles molécules, et à un besoin en financement pour le travail en éthologie[63]. La détention de singes à cette fin est combattue par les militants de la cause animale et la Ligue contre la vivisection alors que les jeunes chercheurs du laboratoire se réjouissent de l'amélioration des conditions d'existence des animaux que représente leur déménagement vers le CdP[64]. À Paimpont, aucun singe ne subit de test de laboratoire mais, si la question ne semble jamais se poser pour cette station[65], elle se pose à Makokou. Les singes étant « des réservoirs de virus[66] », la parasitologie et la virologie y sont des axes de recherche affichés. Les noms du professeur Boiron et de l'Institut Pasteur apparaissent dans les archives aux côtés du CNRS parmi les financeurs de la construction du laboratoire de primatologie et d'écologie tropicale et il est envisagé en retour d'utiliser des singes pour la recherche biomédicale sur place et éventuellement d'exporter dans ce but[67]. Finalement, rien n'aboutit dans ce domaine, ce qui est confirmé officiellement en 1977 par un accord entre le CNRS et le CENAREST portant sur l'abandon de toute recherche de primatologie médicale à Makokou au profit du centre de Franceville[68].

---

63 *Ibid.*, p. 54-61.

64 *Ibid.*, p. 40-42.

65 Stent Kate (2013), *op. cit.*

66 Rapport non signé et non daté sur le laboratoire de primatologie et d'écologie équatoriale de Makokou.
CADN ; 364PO/1 ; 312 ; « CNRS. Laboratoire de primatologie et d'écologie équatoriale de Makokou. 1967-80 »

67 Convention entre le gouvernement français pour le compte du CNRS et le gouvernement gabonais du 09/03/1967.
Compte-rendu de la mission du conseiller culturel de l'ambassade de France dans l'Ogooué-Ivindo du 5 au 08/12/1970.
Note non signée concernant le laboratoire de primatologie et d'écologie équatoriale de Makokou datant de 1971.
CADN ; 364PO/1 ; 312 ; « CNRS. Laboratoire de primatologie et d'écologie équatoriale de Makokou. 1967-80 »

68 Rapport du CNRS sur les négociations franco-gabonaises du 20 au 25/07/1977 sur l'avenir des programmes du CNRS à Makokou.

En ce qui concerne l'éthologie, il est probable que les techniques d'observation employées à Strasbourg ne s'opposent pas radicalement à celles mises en œuvre à Paimpont, mais il existe au moins une différence de taille. Au CdP, les singes vivent en semi-liberté dans plusieurs parcs qui cumulent plusieurs milliers de mètres carrés de superficie dont les limites sont électrifiées[69], en contraste avec la cage de 25 m² et de 3 mètres de haut du laboratoire[70]. À Paimpont en revanche, le projet prévoit « des abris couverts et chauffés, en dur qui seraient prolongés par des enclos grillagés à l'air libre », c'est-à-dire, selon les différentes propositions faites, 42 à 48 m² à l'intérieur, 56 à 80 m² de cage extérieure et 2,6 à 4,2 mètres de hauteur. Nous rappelons que 20 individus environ doivent être accueillis dans 2 à 3 constructions de ce type[71]. À cet égard, on peut se demander si cela est dû uniquement à l'obligation, dans le second cas, de s'adapter à la contrainte qu'impose le partage de l'espace avec les activités originelles de la station, si cela reflète simplement une évolution dans le temps des mentalités dans le sens d'une plus grande liberté de mouvement laissée aux singes étudiés ou bien si l'explication réside dans un choix délibéré correspondant à un clivage épistémologique fondamental entre primatologie paimpontaise et primatologie strasbourgeoise.

## B. Annie Gautier-Hion : parcours d'une primatologue

Issue d'une famille d'éleveurs de Saint-Cast, Annie Hion, née en 1940, fait des études de biologie à la faculté des sciences de Rennes où elle se spécialise au début des années 1960 dans

---

CADN ; 364PO/1 ; 312 ; « CNRS. Laboratoire de primatologie et d'écologie équatoriale de Makokou. 1967 80 »

[69] Hoenen Laure (2014), *op. cit.*, p. 8 et 46-48.

[70] *Ibid.*, p. 34.

[71] Rapport de Jean-Pierre Gautier au recteur du 06/03/1969.
ADIV ; 243W58 ; « Élevage des cercopithèques »
La question des conditions d'hébergement des primates et de travail des primatologues à Paimpont sera traitée en détails dans le III.

le comportement animal auprès du professeur Richard. Alors qu'on lui propose un poste de maître de conférences, elle répond à une annonce de Grassé qui recherche un chercheur pour travailler avec les gorilles au Gabon en 1963. Elle est la seule postulante[72]. C'est ainsi qu'elle se rend à la MBG en 1964. Suite à une épizootie de Yersiniose qui décime les grands singes de l'élevage en 1965, elle se réoriente vers le talapoin, le plus petit des singes du continent. Elle passe plusieurs années à étudier l'espèce et s'intéresse peu à peu à l'ensemble des cercopithécinés vivant dans la région de Makokou. Elle devient à cette période l'épouse de Jean-Pierre Gautier avec qui elle collabore durant toute sa carrière, au Gabon mais également à Paimpont à partir de 1969[73]. À la fin des années 1980, elle s'ouvre à d'autres terrains de recherche au Zaïre, au Gabon et renoue avec l'observation des gorilles en 1996, au Congo. En France, elle occupe dans le même temps des fonctions de direction du laboratoire d'éthologie de Rennes, de 1991 à 1999[74], et de la station biologique de Paimpont[75]. En 2004, elle prend sa retraite et se consacre ensuite davantage à la vulgarisation scientifique[76].

La focalisation sur la France ne doit pas occulter ce qui se passe à l'échelle de la primatologie occidentale, en Afrique, à l'époque sur laquelle se concentre notre travail : Goodall arrive en Tanzanie en 1960, Jeanne Altman au Kenya en 1963-1964, Fossey dans les montagnes des Virunga en 1967[77]... Autant de femmes primatologues, dont plusieurs sont érigées en célébrités, qui nous conduisent à élargir notre questionnement sur la vie et le travail de Gautier-Hion.

---

[72] Jourdaa Frédérique (1999), *op. cit.*
Gautier Jean-Pierre (2018), *op. cit.*
[73] Gautier Jean-Pierre (2018), *op. cit.*
[74] Gautier Jean-Pierre, Caillaud Damien, Oates John, Struhsaker Thomas, Williamson Liz, Maisels Fiona (2013), « Dr. Annie Gautier-Hion (1940-2011) », *Primate Conservation*, 26, p. 145.
[75] Jourdaa Frédérique (1999), *op. cit.*
[76] Gautier Jean-Pierre *et al.* (2013), *op. cit.*
[77] Montgomery Georgina M. (2015), *op. cit.*, p. 92-98 et 108-109.

## 1. Famille scientifique et famille de scientifiques

*Quelles influences de Pierre-Paul Grassé et Gaston Richard ?*

Donna Haraway développe la notion de « primatologie patrilinéaire », empruntant au vocabulaire anthropologique et à la terminologie de la famille pour analyser un aspect de l'histoire de la primatologie américaine :

> [Phyllis Jay, devenue Phyllis Dolhinow, Suzanne Ripley, Sarah Blaffer Hrdy et Jane Bogess] sont [les] filles ou [les] petites-filles savantes [de Sherwood Washburn], insérées dans l'important réseau de primatologues qui s'est constitué aux États-Unis après la Seconde Guerre mondiale. C'est directement *via* la lignée de Washburn que les spécialistes des langurs qui jouent un rôle dans cette histoire ont reçu les fondamentaux de leurs stratégies fictionnelles, de leurs récits avalisés, et avec eux les outils qui leur ont permis d'esquisser les contours d'une autre histoire possible. La primatologie n'a pas été engendrée par un père omnipotent : c'est une production historique collective. Reste que les analyses de Washburn, son entregent et son activité de patron, son pouvoir institutionnel, font de la primatologie une branche de l'anthropologie physique directement greffée sur une théorie évolutionniste moderne (néodarwinienne) et sur l'anthropologie sociale structuro-fonctionnelle. [...]
>
> Toutes les femmes dont il va être ici question ont produit une œuvre traversée d'influences multiples [...]. Très logiquement, les familles sont en fait des lieux d'intense conflit. En revanche, la lignée paternelle, et avec elle le langage commun aux fils et aux filles, connotent bel et bien la reconnaissance publique d'un personnage éminent par des individus qui sont ses étudiants ou ses anciens étudiants[78] [...].

Washburn est le point de départ d'une « lignée » parmi d'autres. Compte tenu de tout ce que nous avons développé jusqu'ici, il est légitime de chercher à vérifier si une analogie avec notre sujet fonctionne, avec Grassé à la place de Washburn,

[78] Haraway Donna (1991d), « L'enjeu de la nature des primates : les filles de l'homme-chasseur arrivent sur le terrain, 1960-1980 », dans Donna Haraway, *op. cit.*, p. 150-151.

Richard en fils et Gautier-Hion en fille ou petite-fille. Grassé a formé de nombreux étudiants, dont Richard, et Gautier-Hion est à la fois « disciple » de l'un et de l'autre. Les prises de position théoriques sur le comportement animal que Grassé impose grâce à son rang au sein des institutions s'inscrivent également dans la continuité d'héritages plus anciens : la tradition éthologique de René Ferchault de Réaumur et de Fabre en entomologie lui est transmise par François Picard, ancien élève d'Alfred Giard, et son soutien au développement de la psychologie scientifique succède à celui de Rabaud[79]. Comme le dit Haraway, la transmission patrilinéaire ne saurait exercer une influence exclusive. Ainsi, c'est Grassé, farouche opposant aux objectivistes, qui laisse la possibilité à une approche de l'éthologie plus favorable à ces derniers de s'implanter à travers les orientations de plusieurs de ses « enfants » auxquels il trouve des postes[80]. Trois modèles principaux font évoluer la discipline pendant les années 1960 et 1970, incarnés par Chauvin et Richard, de l'école Grassé, et René Busnel. Celui-ci ne bénéficie pas du soutien du professeur et ne peut mener à bien ses recherches sur la communication acoustique animale qu'avec le soutien de l'INRA qui installe pour lui un laboratoire dans ses locaux de Jouy-en-Josas en 1948, lequel devient une référence en la matière dès le début des années 1950. Coupé du CNRS, il se tourne notamment vers l'étranger où il envoie plusieurs de ses chercheurs se former[81]. Chauvin, défenseur de l'éthologie lorenzienne tout en restant centré sur la France, et Richard, plus proche de l'école de psychologie américaine mais aussi des Britanniques, cristallisent la division en deux fronts de la recherche éthologique dans le pays après le départ de Grassé[82]. L'essor de leurs courants conduit à l'apogée de celle-ci au niveau national en 1974 mais aussi, par les querelles qui la traversent, à son déclin à partir de la fin des années 1970[83].

Où et comment situer Gautier-Hion par rapport à toutes ces relations qui sont à la fois filiales et conflictuelles ? Nous avons

---

[79] Chavot Philippe (1994), *op. cit.*, p. 347, 376-377 et 387-388.
[80] *Ibid.*, p. 337.
[81] *Ibid.*, p. 433-434 et 443-448.
[82] *Ibid.*, p. 338 et 435-443.
[83] *Ibid.*, p. 432.

évoqué plus haut les bases politiques d'un clivage est-ouest entre éthologistes français mais il faut souligner plusieurs choses à ce sujet. En premier lieu, les oppositions politiques entre « droite » et « gauche » ne coïncident pas complètement avec les oppositions épistémologiques. Pour ne donner que deux exemples parmi d'autres exceptions : Lorenz est tout aussi critique que Grassé vis-à-vis de la révolte de Mai 68 ; Grassé et Chauvin sont tous deux conservateurs[84] tandis qu'ils sont en désaccord sur le cas des objectivistes. Aucune indication ne nous permet de savoir si la préférence de Gautier-Hion va aux opinions politiques de Grassé ou de Richard mais il est à peu près certain que la primatologue a, en 1968 en particulier, d'autres préoccupations que la situation sociale française – en déduire qu'elle s'en désintéresse relève cela dit de la spéculation. À la période qui entoure les événements, elle vit la plupart du temps dans un relatif isolement à la MBG et ne passe qu'un trimestre par an en France. Au printemps 1968, il est possible qu'elle ne soit pas dans le pays ou en tout cas qu'elle soit concentrée sur la préparation d'un projet délicat puisqu'elle ramène et installe en Bretagne un premier élevage de 5 singes en juillet[85]. Sur le plan épistémologique, nous devons préciser ce que sont l'objectivisme et le behaviorisme, autrement appelés éthologie lorenzienne et psychologie américaine, pour éclaircir ce qui est en jeu dans les débats. Lorenz définit l'éthologie comme l'étude des comportements innés. L'instinct est son thème de prédilection. Le behaviorisme, baptisé ainsi par John B. Watson en 1913, est, en psychologie, « une étude purement objective, expérimentale devenant une branche des sciences naturelles, qui a aussi peu besoin de l'introspection que les sciences physiques ou chimiques[86] » – on retombe là sur le point de vue de Piéron. Pour lui, le comportement d'un animal se limite à ce qu'il fait, en réponse à des *stimulus*. Le véritable instinct n'existe pas car tout ce qui caractérise un individu est le fruit d'un apprentissage. Il privilégie le laboratoire, à l'opposé de l'éthologie. Lorenz s'en

---

[84] *Ibid.*, p. 465-470.

[85] Rapport de Jean-Pierre Gautier au recteur du 06/03/1969.
ADIV ; 243W58 ; « Élevage des cercopithèques »

[86] Watson John B. (1913), « Psychology as the Behaviorist Views it », *Psychological Review*, vol. 20, p. 177.
Cité par Thomas Marion (2010), *op. cit.*, p. 290.

prend évidemment à cette école de pensée. Il nie le caractère scientifique de la psychologie et cite plusieurs Américains qui « ne connaissaient rien au sujet des animaux[87] ». Parmi eux se trouve Yerkes dont les travaux lui déplaisent : les singes en tant que sujets d'étude posent problème car ils sont observés dans le but anthropocentrique de comprendre le comportement humain, l'observateur allant ainsi jusqu'à prêter à l'animal des intentions, ce qui est inconcevable pour l'Autrichien[88]. Cette grille de lecture est utile mais elle n'est pas une garantie de cohérence et s'avère être réductrice, si on n'y inclut pas les tendances intermédiaires et les mélanges, et n'est pas une garantie de cohérence. Par exemple, lorsque des singes sont installés dans le laboratoire de psychophysiologie de Strasbourg, qui plus est dans une cage au lieu de leur milieu naturel, c'est Chauvin qui en est le directeur[89]. Gautier-Hion privilégie la sensibilité internationalisante de Richard mais nous verrons qu'elle pratique une primatologie de compromis entre le terrain et le laboratoire, ce qui signifie qu'elle ne rejette *de facto* ni l'expérience contrôlée ni le discours lorenzien.

Grassé est aussi connu pour s'attaquer à un monument de la biologie autrement plus important que Lorenz : Charles Darwin. En 1980, il écrit : « On doit savoir que le darwinisme est un système idéologique qui ne s'identifie absolument pas avec l'évolution en tant que réalité biologique[90] ». Dans *L'évolution du vivant*, paru en 1973, il fait la distinction entre la conception néodarwinienne, qui présente l'adaptation sélective comme le principal moteur de l'évolution, et la seule évolution

---

[87] *Idem*, cite Lorenz Konrad (1970), *Studies in Animal and Human Behaviour,* traduit en anglais pas Robert Martin, XVIII.

[88] *Ibid.*, p. 290-292.

[89] Hoenen Laure (2014), *op. cit.*, p. 33-34.

[90] Grassé Pierre-Paul (1980), *L'Homme en accusation : De la biologie à la politique*, Paris, Albin Michel, p. 27.
Cité par Herring Emily (2016), « Des évolutionnismes sans mécanisme : Les néolamarckismes métaphysiques d'Albert Vandel (1884-1980) et Pierre-Paul Grassé (1895-1985) », *Revue d'histoire des sciences,* tome 69-2, p. 371.

« observable », qu'il nomme « évolution créatrice[91] ». Pour lui, le phénomène ne peut se limiter à une série de mutations dues au hasard mais est orienté, interne aux organismes. L'évolution de chaque lignée vivante se poursuit jusqu'à ce que celle-ci atteigne sa forme finale : son « idiomorphon[92] ». Grassé est l'un des derniers tenant du néolamarckisme français et il serait surprenant que Gautier-Hion ait soutenu cette tradition marginale si tard dans le XXe siècle. Elle réfléchit au problème en des termes à consonance darwinienne, sans jamais se faire théoricienne de l'évolution, quand elle met en avant l'hypothèse que les associations polyspécifiques, comportement d'adaptation à l'environnement, puissent jouer un rôle dans la spéciation par hybridation, et donc dans l'évolution du genre *cercopithecus*[93].

### *Une carrière en couple-binôme ?*

La précédente citation d'Haraway se poursuit ainsi : « La volonté d'avoir un nom qui ne doive rien aux pères fait intrinsèquement partie de la lutte des femmes contre le patriarcat[94] ». Nous ne disposons d'aucune donnée susceptible de nous faire connaître les éventuelles convictions féministes de Gautier-Hion mais il n'est pas saugrenu de penser que son parcours l'inclut dans une dynamique diffuse de progrès sans qu'elle ait eu à s'en revendiquer. Grassé, retraité dès 1967, décède en 1985 et Richard est arrêté en 1975. De plus, Gautier-Hion est la première primatologue à apparaître dans une généalogie savante très fortement marquée par l'étude des insectes[95]. Elle doit donc

---

[91] « Notons tout de suite que l'emploi de l'expression bergsonienne ne signifie pas que Grassé développe […] des considérations de nature métaphysique s'inspirant de celles du philosophe. »
*Ibid.*, p. 378.

[92] *Ibid.*, p. 378-379, cite Grassé Pierre-Paul (1973), *L'évolution du vivant : Matériaux pour une nouvelle théorie transformiste*.

[93] Gautier Jean-Pierre, Gautier-Hion Annie (1969), « Les associations polyspécifiques chez les cercopithecidae du Gabon », *La Terre et la Vie*, 23, p. 197-198.
Gautier-Hion Annie (1988b), « Polyspecific associations among forest guenons: ecological behavioural and evolutionary aspects », dans Annie Gautier-Hion *et al.*, *op. cit.*, p. 471-476.

[94] Haraway Donna (1991d), *op. cit.*, p. 151.

[95] Elle est la seule dans l'équipe initiale de Grassé à la MBG.

nécessairement se constituer un réseau et puiser dans des sources d'inspiration, à l'échelle française comme à l'échelle internationale, au-delà de la sphère de pouvoir et d'expertise de ses « mentors », s'émanciper en somme. Du point de vue de la primatologie, même si le rôle de Grassé et Richard est indéniable, l'apparition puis la longévité de la discipline à Makokou et Paimpont fait d'elle la fondatrice d'une lignée plutôt qu'une héritière. Pas de « père omnipotent » donc. Pour autant, la question de l'expression du patriarcat dans la primatologie peut se poser au sujet d'autres modes de relations et en particulier du couple. Compte tenu, sans doute, de la nature du travail et des aménagements dans la vie personnelle que cela implique, les couples de primatologues ne sont pas rares dans l'histoire de la discipline. Des femmes sont présentes aux côtés de leurs maris, à des degrés divers de collaboration et de reconnaissance. Mariana Carpenter, épouse de Clarence Ray Carpenter, accompagne ce dernier dans ses voyages sur le terrain[96]. La femme de Boutan s'occupe du gibbon Pépée comme d'un enfant mais ne semble pas non plus jouer de rôle scientifique[97]. Ada Yerkes, bien que beaucoup moins en vue que Robert, contribue grandement aux travaux de celui-ci et écrit avec lui plusieurs textes[98]. Stuart et Jeanne Altmann, séparés de ces exemples par plusieurs décennies, semblent témoigner d'un équilibrage dans le temps des statuts de l'homme et de la femme dans le domaine[99]. Annie Hion et Jean-Pierre Gautier se rencontrent en 1960 alors qu'ils préparent une licence de biologie, avant de poursuivre ensemble un troisième cycle en étude du comportement animal. Jean-Pierre rejoint Annie à la MBG en 1965. Dès lors, ils exercent leur métier ensemble[100]. Il serait intéressant d'étudier en parallèle leurs carrières entières, mais nous ne parlerons pas ici de ce qui se passe au-delà de

---

Compte-rendu de la mission du conseiller culturel de l'ambassade de France dans l'Ogooué-Ivindo du 5 au 08/12/1970.
CADN ; 364PO/1 ; 312 ; « CNRS. Laboratoire de primatologie et d'écologie équatoriale de Makokou. 1967-80 »

[96] Montgomery Georgina M. (2015), *op. cit.*, p. 53, 55 et 76.

[97] Thomas Marion (2008), *op. cit.*, p. 234.

[98] Montgomery Georgina M. (2015), *op. cit.*, p. 30-33.

[99] *Ibid.*, p. 104-115.

[100] Gautier Jean-Pierre (2018), *op. cit.*

l'année 1989. De même, nous pourrions comparer leur place dans les rapports de pouvoir institutionnels en examinant les différentes postes à « responsabilité » qu'ils sont amenés à occuper en plus de leurs recherches mais nous faisons le choix de ne traiter que les aspects purement scientifiques du problème.

Nous avons comptabilisé leurs publications parmi celles référencées aujourd'hui par l'université Rennes 1 pour montrer leur poids au sein du laboratoire d'éthologie et surtout pour mesurer leur apport quantitatif séparément et conjointement (tableau 3). Nous constatons un certain équilibre, chacun travaillant à peu près autant sans l'autre qu'avec. En outre, ils sont largement le premier collaborateur l'un de l'autre.

<table>
<tr><th colspan="2">Annie sans Jean-Pierre</th><th colspan="2">Annie avec Jean-Pierre</th><th colspan="2">Jean-Pierre sans Annie</th></tr>
<tr><td colspan="2">19 titres</td><td colspan="2">18 titres</td><td colspan="2">14 titres</td></tr>
<tr><th>Avec d'autres auteurs</th><th>Seule</th><th colspan="2">Seulement tous les deux</th><th>Seul</th><th>Avec d'autres auteurs</th></tr>
<tr><td rowspan="6">7</td><td rowspan="6">12</td><td colspan="2">14</td><td rowspan="6">10</td><td rowspan="6">4</td></tr>
<tr><th>Annie en premier auteur</th><th>Jean-Pierre en premier auteur</th></tr>
<tr><td>9</td><td>5</td></tr>
<tr><th colspan="2">Avec d'autres auteurs</th></tr>
<tr><td colspan="2">4</td></tr>
<tr></tr>
<tr><th colspan="6">Nombre total de titres référencés par le laboratoire ETHOS</th></tr>
<tr><td colspan="6">190</td></tr>
</table>

**Tableau 3** : Répartition des publications d'Annie et Jean-Pierre Gautier de 1962 à 1989[101]

[101] Publications du laboratoire ETHOS d'après son site internet pour la période 1962-1989 inclus, en ligne https://ethos.univ-rennes1.fr/recherche/publications (consulté le 16/10/2018)

Leurs travaux en commun portent sur divers comportements des cercopithécinés tels que les associations polyspécifiques chez plusieurs espèces, le refus de celles-ci par le singe de Brazza, la nage, la communication, les liens entre comportements vocaux et organisation sociale, les rapports entre dimorphisme sexuel et vie sociale, l'écologie et la diversité des espèces. Il s'agit dans bien des cas de la rencontre entre les préoccupations spécialisées de l'un ou de l'autre. En effet, lorsqu'Annie écrit seule, ses thèmes tournent beaucoup autour des comportements sociaux : reproduction, organisation des groupes, répertoire comportemental, régime alimentaire et variation saisonnière, coexistence interspécifique... Jean-Pierre, seul, publie presque exclusivement sur des problématiques touchant aux émissions sonores des singes – cris et autres vocalisations – en les mettant parfois en lien avec l'organisation sociale ou encore la phylogénie[102]. L'influence du mari sur les recherches de sa femme est donc réelle mais elle est tout à fait réciproque et donc difficile à distinguer de ce qui peut aussi être simplement l'évolution collective propre à un travail d'équipe. Le binôme reçoit par ailleurs des influences multiples et cite régulièrement les avancées d'autres primatologues à travers le monde en fonction des espèces et du type de comportement étudiés ou des méthodes employées[103]. Après des articles portant sur des problèmes de détour alors qu'elle travaille encore avec les gorilles, Hion se tourne vers le talapoin auquel elle consacre sa thèse, soutenue en 1972. Elle s'oriente peu à peu vers les autres espèces de cercopithécinés autour de Makokou. En travaillant sur leur alimentation, elle s'intéresse de plus en plus à la production et à la consommation de fruits, ce qui l'amène à prendre en compte toute une communauté de vertébrés frugivores et l'équilibre du milieu nécessaire à la survie de ces animaux. Voilà comment, en commençant par des études monographiques sur le comportement, elle en vient à évoluer vers la vaste problématique de l'écologie forestière. L'autre grande thématique à laquelle elle se consacre

---

[102] *Idem.*

[103] C'est le cas dans la plupart des textes que nous avons consultés. Voir sources en fin d'ouvrage.

progressivement, suite à la prise de contact de Kingdon avec son groupe en 1974, est celle de la biologie évolutive des cercopithécinés [104]. Là encore on trouve un lien entre la recherche d'explication aux comportements relevés et la piste évolutionniste. Dans cette perspective, si l'on peut dire, Gautier-Hion s'influence autant elle-même, par un cheminement d'interrogation en interrogation propre à la pratique de la recherche, qu'elle ne s'alimente des échanges avec son compagnon d'une part et ses homologues français et étrangers d'autre part.

Il faudrait, pour aller plus loin, nous livrer à un examen beaucoup plus précis que celui que nous avons mené du contenu de ces publications avec une grille d'analyse féministe, ou au moins dans une démarche de déconstruction du discours, afin de déceler avec davantage de finesse les indices de l'influence masculine et la part d'émancipation dans les écrits de la primatologue française. Cela reviendrait à chercher à suivre Haraway qui affirme notamment que « le genre est tout le moins une condition intrinsèque de l'observation ». Pour elle, l'appartenance de genre d'un scientifique, de même que sa classe sociale, sa couleur de peau ou sa nationalité, oriente sa manière de voir le monde, ses analyses et conclusions, aussi scientifiques soient-elles. Ainsi, bien des récits construits par des primatologues au XXe siècle sont centrés sur les mâles et, lorsqu'ils le sont sur les femelles, c'est pour mieux fournir des justifications biologiques à la domination masculine chez les humains. Chaque phénomène observé chez les primates, de l'agressivité à la coopération en passant par la fascinante question de l'infanticide chez les langurs et la disparition de l'œstrus chez les hominidés, peut être sujet à des interprétations, ce qui explique qu'un Solly Zuckerman, autre « père fondateur » de la primatologie, et une Adrienne Zihlman, de la « lignée de Washburn », ne racontent pas la même histoire des rapports entre sexualité et organisation de la société[105].

---

104 Gautier Jean-Pierre (2012), « Hommage à Annie Gautier-Hion », *Revue de primatologie*, 4.

105 Voir Haraway Donna (1991d), *op. cit.*, p. 184-189.

## 2. Une place à l'écart de la *« pop primatology »*

*Des aventurières emblématiques...*

Les femmes primatologues prennent incontestablement une place nouvelle dans la seconde partie du siècle, et c'est à celle de Gautier-Hion, dans ce contexte, que nous voulons réfléchir à présent. Sans prétendre à la parité, on assiste à une féminisation non négligeable de la primatologie qui a son origine aux États-Unis. Sur les 40 doctorants descendant directement de Washburn, on compte 15 femmes. En 1977-1978, 120 membres, soit 16 %, de la Société internationale de primatologie sont des femmes. Au sein de la Société américaine de primatologie, en 1980, elles sont 131 et représentent 30 % des effectifs[106]. Ce changement en accompagne un autre. En effet, la génération qui domine la primatologie après-guerre se caractérise par la primauté donnée aux études de terrain pour des travaux s'étalant sur de longues voire de très longues durées. La spécialité se trouve fondamentalement « réinventée » par des chercheurs issus du milieu de la zoologie, d'abord américaine, comme George Schaller qui part au Congo belge avec son épouse, Kay, à la rencontre des gorilles des montagnes à la fin des années 1950, et par des individus d'un tout autre profil.

> Starting in the 1960s, Jane Goodall and Dian Fossey used long-term fieldwork to demonstrate the great apes were even more human-like than previously thought, and they became cultural icons by virtue of the nature of their research, the exotic

---

Plus généralement, tous les écrits d'Haraway sur l'histoire de la primatologie sont utiles pour traiter cette question.
Voir Haraway Donna (1991a), « Sociologie animale et économie naturelle du corps politique : une physiologie politique de la dominance », dans Donna Haraway, *Des singes, des cyborgs et des femmes : La réinvention de la nature*, Actes Sud, p. 25-45.
Haraway Donna (1991b), « Le passé est la zone disputée : la nature humaine et les théories de la production et de la reproduction dans les études sur le comportement des primates », dans Donna Haraway, *Ibid.*, p. 47-82.
Haraway Donna (1991c), « L'entreprise biologique : le sexe, l'esprit et le profit, de l'ingénierie humaine à la sociobiologie », dans Donna Haraway, *Ibid.*, p. 83-123.

[106] Haraway Donna (1991d), *op. cit.*, p. 156-157.

locations of their field sites, and the visual appeal of both the scientists themselves and their primate subjects. These factors combined with new forms of media as well as conservation and animal activism to create a primate folklore for the modern age, that I refer to as *pop primatology*. Sharing a number of characteristics with nineteenth- and early twentieth-century primate stories, popular accounts of primate studies in the postwar period also differed in important ways, including the unprecedented level of celebrity gained by both scientists and their primate subjects[107].

Popular accounts of primate studies created a challenge for primatologists seeking to further separate themselves from the amateurs before them. Best sellers like *Gorillas in the Mist* and iconic *National Geographic* covers created a genre of pop primatology in the 1960s and 1970s that focused on studies driven by observation and description and that were performed by women without scientific training, although both Goodall and Fossey eventually earned PhDs. Popular coverage blurred lines between formal scientific research, popular natural history, conservation, and activism, and it in turn created a complicated terrain for the primatologists who began their careers during these decades to navigate[108].

---

[107] Montgomery Georgina M. (2015), *op. cit.*, p. 92-93.
Traduction personnelle : « À partir des années 1960, Jane Goodall et Dian Fossey ont utilisé le travail de terrain à long terme pour démontrer que les grands singes étaient encore plus proches des humains qu'on ne le pensait auparavant, et elles sont devenues des icônes culturelles en raison de la nature de leurs recherches, des localisations exotiques de leurs terrains et de l'attrait visuel des scientifiques elles-mêmes et de leurs sujets primates. Ces facteurs se sont combinés avec de nouvelles formes de médias ainsi qu'à l'activisme proconservation et proanimal pour créer un folklore primate des temps modernes, que je qualifie de *"pop primatology"*. Tout en partageant un certain nombre de caractéristiques avec les histoires sur les primates du XIX^e^ et du début du XX^e^ siècle, les récits populaires issus des études sur les primates de l'après-guerre s'en différenciaient également de manière importante, notamment par le niveau sans précédent de célébrité acquise à la fois par les scientifiques et leurs sujets. »

[108] *Ibid.*, p. 98.
Traduction personnelle : « Les récits populaires issus des études sur les primates ont créé un défi pour les primatologues qui cherchaient à se distinguer des amateurs qui les précédaient. Des best-sellers comme *Gorilles dans la brume* et les couvertures emblématiques de *National Geographic* ont en quelque sorte créé la *"pop primatology"* en tant que genre dans les années 1960 et 1970, axé sur des

Une des figures qui se (re)trouve au centre de ce nouveau paysage est donc celle de l'aventurier qui part, seul ou presque, dans des contrées lointaines à la rencontre des singes. Nous avons mentionné, dans l'histoire franco-gabonaise, le rôle joué par les explorateurs dans la fabrication d'un imaginaire colonial. Ce « folklore » a aussi des répercussions à long terme sur l'image de certains primates dans les yeux du public et des scientifiques européens et nord-américains. Le cas du gorille entre la fin du XIXe siècle et le début du XXe est assez exemplaire. Du Chaillu le décrit comme un tueur brutal et des chasseurs-collecteurs comme Ben Burbridge publient des histoires dans lesquelles sa taille est exagérée, menant à des productions cinématographiques caricaturales dont la plus connue est *King Kong*, sorti en 1933. La primatologie prendra un certain temps avant de séparer, au sujet du grand singe, la fiction accablante d'une réalité qui la contredit en tout point[109]. Dans un autre registre, cela nous renvoie également à la personnalité idéale de l'éthologue dont Lorenz fait la promotion au fil de ses articles et ouvrages. Selon lui, un « bon » éthologue doit cumuler les vertus morales et scientifiques suivantes : un amour extraordinaire pour les animaux, de l'empathie, de l'endurance et de la patience qui rendent supportable la rudesse des conditions de travail qu'impliquent le contact avec la saleté, le bruit et les longues heures d'observation. L'éthologue doit avoir en commun avec les chasseurs le goût pour la traque de l'animal ou avec les paysans celui de la possession et de l'élevage d'animaux. Ce « bon » éthologue s'incarne dans le premier tiers du XXe siècle en la personne de Julian Huxley, que Lorenz rencontre en 1934. Professeur au sein de l'université d'Oxford, où la biologie de laboratoire y est alors plébiscitée, il profite de sa position pour valoriser les travaux des

études qui s'appuient sur l'observation et la description et qui étaient menées par des femmes sans formation scientifique, bien que Goodall et Fossey aient finalement obtenu toutes deux un doctorat. La couverture populaire a brouillé les frontières entre la recherche scientifique formelle, l'histoire naturelle populaire, la conservation et le militantisme, ce qui a créé un environnement compliqué à appréhender pour les primatologues qui ont commencé leur carrière au cours de ces décennies. »

[109] *Ibid.*, p. 11-26.

ornithologues amateurs, et plus largement des naturalistes devenus des personnages obsolètes, et faire le lien entre ceux-ci et les travaux académiques. Viennent ainsi s'ajouter à la liste des vertus des caractéristiques comme « l'étude du comportement des oiseaux, une approche de terrain, une adhésion aux théories darwiniennes, la valorisation des savoirs amateurs[110] ».

Le concept de *« pop primatology »* développé par Georgina M. Montgomery nous semble très pertinent, autant par sa définition que pour sa signification dans l'histoire de la primatologie. En l'occurrence, il nous fournit des points de comparaison entre Gautier-Hion et, par exemple, une femme qui, comme elle, est envoyée au cœur de l'immense forêt d'Afrique centrale pour y étudier des gorilles dans les années 1960 : Dian Fossey. Cette dernière livre en 1983 un témoignage qui fait indirectement état de ses propres qualités de pure éthologue, au sens lorenzien du terme. Elle piste les gorilles grâce à un certain nombre d'indices – empreintes, végétation courbée, traces dans les arbres, excréments, nids, etc. –, parfois en rampant pour sentir leur forte odeur. Elle entre en contact avec eux en vocalisant comme ils le font, s'assoit au milieu d'eux, les observe longuement[111]. Ceux qui, au contraire, ne supportent pas les efforts physiques, notamment les marches de plusieurs heures voire plusieurs jours avec bivouac, et la solitude contractent les symptômes de ce qu'elle appelle « le blues de l'astronaute » : transpiration, tremblements, fièvre, perte d'appétit, dépression avec crises de larmes[112]. Gautier-Hion ne supporte pas aussi bien l'isolement que Fossey, nous l'avons vu, mais elle passe de façon répétée de longs mois au Gabon et est aussi, dans une certaine mesure, une aventurière, usant de techniques que nous dévoilerons plus loin et ne ménageant pas ses efforts pour se rendre sur les lieux de vie des singes. Ses collègues à Makokou sont « tous admiratifs de son âpreté au travail et de sa résistance aux longs parcours dans les

[110] Thomas Marion (2010), *op. cit.*, p. 286-289.
[111] Fossey Dian (1983), *op. cit.*, p. 49-62.
[112] *Ibid.*, p. 157-167.

forêts inondées[113] » et, de son propre aveu, « les gens me respectaient parce que j'étais une femme et que j'osais aller seule dans la forêt[114] ». Cette remarque fait écho à la réputation, peut-être moins flatteuse, de Fossey que les Rwandais surnomment *Nyiramachabelli*, c'est-à-dire « la vieille femme qui vit sans homme dans la montagne[115] ». Des points communs existent indubitablement entre la première primatologue de la MBG et celle qui fonde le *Karisoke Research Center* en 1967 au Rwanda, à 3 000 mètres d'altitude entre le mont Karisimbi et le mont Visoke[116], lequel est aussi une sorte de station dans la mesure où le simple campement de départ s'est consolidé et pérennisé.

Autre similitude majeure entre la Française et l'Américaine : le souci de la protection de l'environnement. La lutte contre le braconnage et la capture des gorilles pour le compte de zoos européens est racontée de manière vivante dans *Gorilles dans la brume*. Par ailleurs, il est probable que l'assassinat de Fossey en 1985, toujours non élucidé, soit lié à son entreprise de « conservation active » qui consiste à prendre effectivement les armes pour protéger les gorilles[117]. Dans le cadre de ses recherches, Gautier-Hion note que la survie de la communauté des vertébrés de la région de Makokou, entre autres, dépend de la fructification durant la saison sèche de certaines essences végétales. Or, ces « ressources clés » sont potentiellement menacées par les activités humaines. C'est pourquoi la primatologue s'engage dans des programmes de conservation des écosystèmes forestiers tropicaux[118]. La grande différence de style entre ces militantismes repose avant tout sur une divergence stratégique plutôt que sur un désaccord de fond. Pour Fossey, il faut « commencer par le commencement » en défendant physiquement les animaux menacés puis leur habitat naturel tandis que Gautier-Hion estime que défendre une espèce

---

[113] Hladik Claude-Marcel et Annette (2011), *op. cit.*

[114] Citation de Gautier-Hion dans Jourdaa Frédérique (1999), *op. cit.*

[115] Fossey Dian (1983), *op. cit.*, p. 91.

[116] *Ibid.*, p. 33-34.

[117] Montgomery Georgina M. (2015), *op. cit.*, p. 97-98.

[118] Gautier Jean-Pierre (2012), *op. cit.*, p. 3-4.

n'a de sens que si on défend toute la nature avec elle. Pour autant, toutes deux sont conscientes, par exemple, du fait que la pauvreté de certaines populations et les problèmes politiques font du braconnage un moyen de subsistance déterminant pour celles-ci. Pour enrayer le danger qui pèse sur la vie des singes, il faut donc passer par des projets à long terme englobant l'écologique, le politique et l'économique[119].

### *... qui ne se ressemblent pas tant que cela*

À moins de vouloir idéaliser le personnage de l'aventurière valeureuse protectrice de la faune sauvage, force est de constater que Gautier-Hion ne remplit pas les autres critères de définition des *« pop primatologists »* établis plus haut. Elle n'est pas autodidacte, ne bénéficie pas d'une médiatisation particulière en dehors du monde scientifique[120] et n'a pas pour but de chercher à rapprocher les singes des humains. De ce point de vue, le Catalan Jordi Sabater Pi, qui est un homme, est plus conforme au profil. Il ne reçoit un véritable titre universitaire que tardivement, est repéré puis financé par la *National Geographic Society* et, en duo avec *Copito de Nieve*, le gorille albinos qu'il envoie de Guinée espagnole en 1966, est effectivement très médiatisé en son temps au point de devenir une célébrité dans son pays natal mais aussi en dehors[121]. La chercheuse bretonne appartient davantage, aux côtés des Altmann, à l'autre catégorie de primatologues à laquelle fait référence Montgomery et qui participe tout autant au renouveau de la discipline à cette période.

---

[119] Jourdaa Frédérique (1999), *op. cit.*
Fossey Dian (1983), *op. cit.*, p. 241-242.
[120] Cela change, toute proportion gardée, au-delà de l'époque que nous étudions ici, à l'occasion de quelques actions de vulgarisation que nous évoquerons dans le dernier chapitre du présent travail.
[121] Voir Hochadel Oliver (2018), *op. cit.*
Voir aussi Veà Joaquim J., Fullola Josep M., Serrat David, Turbon Daniel (éds.) (1997), *Professor Jordi Sabater Pi. Una vida a l'Àfrica dedicada a la recerca naturalista*, Universitat de Barcelona.
Et Tort Joan, Tobaruela Pere (2003), *Okorobikó. Una biografia de Jordi Sabater Pi*, Adventure Press, National Geographic et La Magrana.

> Amid the growth in pop primatology, a select group of researchers charted a new direction for primatology, one that continued a long-standing emphasis on observation and description but significantly increased the role of quantification and mathematics to study primate behavior. These researchers may have failed to attract the media's spotlight, but they lead the way in integrating emerging fitness and life history theories with long-term primate field studies[122].

Il y a une certaine porosité entre les deux catégories, les « amateurs » finissant par devenir des professionnels aux côtés des scientifiques de formation. La principale différence visible qui demeure est la grande popularité des membres du premier groupe. Ce qui est intéressant pour nous, c'est qu'en tentant d'identifier un facteur explicatif de la moindre popularité de Gautier-Hion, nous reconstituons un faisceau d'éléments touchant à tous les aspects que nous venons de citer et remarquons qu'ils ont tous un lien avec la question du rapport à l'animal. Tout d'abord, il semble que la popularisation des primatologues soit directement liée à l'attractivité des primates étudiés. « C'est à cette époque que d'autres primatologues sont devenues célèbres par l'approche des groupes de chimpanzés et de gorilles de l'Est africain ; mais la petite taille des cercopithèques n'était pas favorable à conférer à Annie cette célébrité », écrivent Claude-Marcel et Annette Hladik [123]. Gautier-Hion a bien étudié aussi les gorilles, en tout début et en fin de carrière, mais ce sont les cercopithécinés forestiers qui l'occupent principalement et qui la font connaître. Ces singes ont à ce moment peu de chance d'accéder à la notoriété, y compris parmi les primatologues : d'une part, ils sont considérés pendant longtemps comme peu dignes d'intérêt à

---

[122] Montgomery Georgina M. (2015), *op. cit.*, p. 92.
Traduction personnelle : « En pleine croissance de la *"pop primatology"*, un groupe restreint de chercheurs a tracé une nouvelle direction pour la primatologie, une orientation qui a longtemps continué à mettre l'accent sur l'observation et la description mais qui a significativement accru le rôle de la quantification et des mathématiques dans l'étude du comportement des primates. Ces chercheurs n'ont peut-être pas réussi à attirer l'attention des médias, mais ils ont ouvert la voie à l'intégration des théories émergentes sur la condition physique et les histoires de vie avec des études de terrain sur le long terme auprès des primates. »
[123] Hladik Claude-Marcel et Annette (2011), *op. cit.*

cause de capacités mentales et de performances cognitives mauvaises comparées à celles des grands singes ou encore des capucins ; d'autre part, le travail de terrain dans la forêt humide est vu jusqu'à une date tardive comme presque impossible et on préfère se tourner vers des espèces plus faciles à observer comme les macaques, les babouins ou les langurs [124]. Les cercopithèques ne sont pas seulement trop petits, trop « bêtes » et trop difficiles d'accès, ils sont aussi probablement et plus généralement trop différents des humains pour faire sensation. En fait, il serait plus juste de dire que ce sont les chimpanzés, gorilles et orangs-outans qui passionnent parce qu'ils sont des clés potentielles pour accéder au passé de l'humanité. Lorsque Leakey décide de promouvoir des enquêtes de longue durée sur des grands singes en liberté, sa motivation est clairement de compléter ses propres travaux en paléontologie. L'étude des squelettes peut fournir des informations sur le régime alimentaire ou encore la locomotion des hommes préhistoriques, mais pas sur leur vie sociale et leurs comportements. Son raisonnement consiste à dire que, si on identifie des comportementaux fondamentaux communs aux humains et aux grands singes modernes, on pourrait en déduire que ceux-ci ont été partagés par nos ancêtres communs. C'est avec cette idée qu'il recrute Goodall pour étudier les chimpanzés[125]. La découverte de la fabrication et de l'utilisation d'outils par ces derniers provoque la décision du magazine *National Geographic* de médiatiser le travail de la Britannique. Ces publications, illustrées de photographies, sont un succès[126]. Fossey et Galdikas complètent le trio, surnommées par certains les *Leakey's Angels,* avec une réussite similaire. La dernière, qui étudie les orangs-outans en Indonésie, déclare en 1999 qu'« il serait plus juste de dire que les hommes sont du genre grands singes plutôt que l'inverse[127] ». Sans spéculer sur l'opinion de

[124] Gautier-Hion *et al.* (1988), *op. cit.*, p. 1.
[125] Peterson Dale (2006), *Jane Goodall. Thoe Woman Who Redifined Man*, Boston & New York, Mariner Books, p. 116-117.
[126] *Ibid.*, p. 295-312.
[127] Interview de Biruté Galdikas par Alain Leauthier, *Libération* du 19/01/1999. Cité par Ducros Albert et Jacqueline (2001), *op. cit.*, p. 76.

Gautier-Hion quelques décennies plus tôt, il est frappant de voir que celui-ci tranche, dans les années 1990-2000, avec tout cela :

> Bien sûr, [...] c'est subjuguant de les voir rire, jouer, établir entre eux des relations subtiles. On ne peut pas éviter l'anthropomorphisme, mais il faut aller au-delà de ce sentimentalisme[128].
>
> Il existe une grande variabilité de l'organisation sociale des grands singes. [...] Aussi, bien que dans les années 1930, les premières études sur les singes eussent comme objectif avoué d'identifier les prémisses de l'évolution du comportement social humain et bien que les grands singes soient nos plus proches cousins, il est difficile de tirer de nos connaissances sur leurs systèmes sociaux des interprétations simples sur l'évolution des sociétés humaines... même si d'aucuns tentent des parallèles récurrents avec le chimpanzé bonobo bien qu'aucune preuve n'existe sur son plus proche apparentement avec l'homme que celui de tout autre singe[129].

Les premières en arrivent à considérer les singes qu'elles côtoient comme des personnes, leur donnant un prénom et leur reconnaissant une personnalité. Il est alors aisé de comprendre que leur captivité puisse être impensable de leur point de vue et au contraire bien tolérée par Gautier-Hion, en particulier pour mieux les approcher et faciliter la démarche expérimentale. Toutefois, il ne s'agit pas là nécessairement d'une opposition entre une primatologie populaire et une primatologie qui serait plus rigoureuse mais peut-être davantage de l'expression d'une différence déjà évoquée entre une certaine primatologie liée à une vision de l'anthropologie qui fait que l'étude des primates est liée à l'étude de l'évolution humaine, et une autre plutôt liée à la zoologie et pour laquelle les singes sont des animaux parmi d'autres. La formation joue donc un rôle. En effet, Goodall est secrétaire[130] et Fossey « rééducatrice » auprès d'enfants pendant 11 ans avant de partir pour l'Afrique[131], mais elles entrent toutes deux dans la communauté scientifique par l'intermédiaire de

---

[128] Jourdaa Frédérique (1999), *op. cit.*, cite Gautier-Hion.
[129] Gautier-Hion Annie (2006), *Les gorilles*, Éditions Apogée, p. 63.
[130] Peterson Dale (2006), *op. cit.*, p. 69-71.
[131] Fossey Dian (1983), *op. cit.*, p. 14-15.

Leakey qui favorise, directement ou indirectement, le tissage de liens entre elles et d'autres chercheurs tels que ceux du réseau Washburn, par exemple, ainsi que quelques éminents scientifiques anglais [132]. Gautier-Hion est, nous l'avons vu, biologiste et éthologue de profession dans la tradition française. Un point de contact évident existe cela dit : l'Angleterre. Nous avons mentionné les bonnes relations entretenues par les chercheurs de Paimpont avec Kingdon, de l'université d'Oxford, et l'ouverture à l'international dans le cadre du colloque de 1985 et de l'ouvrage qui s'ensuit, publié à Cambridge en 1988, sur les cercopithécinés. Goodall et Fossey sont quant à elles institutionnellement rattachées à la station de Madingley, pôle de recherche majeure en éthologie au sein de l'université de Cambridge, respectivement de 1961 à 1966 et de 1968 à 1976 [133] où le superviseur de leur doctorat, Robert Aubrey Hinde, est en poste[134].

Il n'est pas possible de cloisonner complètement des types de primatologie qui correspondraient à deux styles ou deux profils qu'un fossé séparerait. Un exemple de la complexité du problème est celui du *« naming »*. On pourrait penser qu'un chercheur qui nomme les animaux étudiés au lieu de les numéroter serait dans un rapport affectif, anthropomorphiste, avec eux, mais l'histoire de l'éthologie et de la primatologie démontre que c'est loin d'être toujours le cas, les contre-exemples ne manquant pas[135]. Nous n'avons pas trouvé de trace de cette pratique dans les écrits académiques de la Française mais cela ne prouve pas son inexistence dans le cadre informel ou privé, surtout en ce qui concerne les singes captifs qu'elle élève elle-même.

---

[132] Sur Goodall, voir Peterson Dale (2006), *op. cit.*, p. 261-294.

[133] Chavot Philippe (1994), *op. cit.*, p. 290.

[134] Anderson Ted R. (2017), « *In memoriam.* Robert A. Hinde, CBE, 1923-2016 », *The Auk: Ornithological Advances*, 134, p. 780-781.

[135] Voir Benson Etienne (2016), « Naming the Ethological Subject », *Science in Context*, 29, p. 107-128.

La primatologie, telle qu'elle se pratique au sein des centres de Makokou et de Paimpont des années 1960 à la fin des années 1980, est le résultat d'un processus d'élaboration scientifique, épistémologique et institutionnelle qui s'étale en France sur de longues décennies, dans une relation d'intensité variable avec ce qui se passe sur le plan international. À ce propos, nous avons fait l'impasse sur plusieurs pays dont le Japon, notamment, autre grande terre de primatologues qui ne peut pas ne pas avoir exercé une influence[136]. La science des primates s'est construite à partir de disciplines affichant les objectifs distincts de comprendre l'humanité civilisée et de comprendre les êtres peuplant la nature. Finalement, l'anthropologie, la psychologie et la biologie ont trouvé à se rejoindre pour donner naissance à une science de la frontière et de la rencontre entre ces préoccupations originelles. Cet aboutissement est rendu possible avant tout grâce aux personnes qui font vivre les sciences et les organismes de recherche. Certaines qui sortent du lot éclairent notre route, de manière largement incomplète mais suffisante à ce stade de notre développement. Les femmes, souvent invisibilisées dans l'écriture de l'histoire, ne peuvent raisonnablement pas l'être ici tant leur contribution au progrès est grande dans le domaine.

Désormais, le contexte entourant l'histoire de nos deux stations est solidement établi. Nous savons comment et pourquoi sont apparues ces structures singulières, et nous connaissons une partie de l'héritage historique qui a façonné la pensée des acteurs et des actrices y menant des investigations auprès des singes gabonais. Il est maintenant temps de pénétrer véritablement au cœur de notre objet d'étude, c'est-à-dire voir et analyser divers aspects constitutifs du mode de vie à l'intérieur des stations et surtout de la méthodologie propre au travail qui y est fait.

---

[136] « Comme le souligne Itani (1985), le Japon, ruiné par la guerre, n'avait pas de moyens considérables à consacrer à la recherche. Or, au Japon, il y a des singes (*Macaca fuscata*), et il suffit d'une paire de jumelles, d'un carnet de notes et d'un crayon pour travailler. [...] Les premiers travaux des primatologues japonais resteront un temps ignorés de leurs pairs. Écrits en japonais, publiés dans des revues locales, ils ne seront découverts que plus tard, par des traductions en anglais [...] ou lors de colloques internationaux comme celui du CNRS en 1970.' Ducros Albert et Jacqueline (1989), *op. cit.*, p. 313-414.

# III.

## TRAVAILLER À LA FRONTIÈRE : LES STATIONS DANS LE *CONTINUUM* TERRAIN-LABORATOIRE

La station est un lieu de vie qui, dans la pratique scientifique, occupe un espace particulier entre le « tout-terrain » et le « tout-laboratoire ». La mobilisation de tout un vocabulaire lié à la cartographie, parfois militaire, dans un sens imagé mais aussi dans un sens concret, est particulièrement frappante ici. Il s'agit avant tout d'un endroit habité qui se trouve quelque part. Une telle définition peut sembler absurde mais elle l'est beaucoup moins si on la complète en disant que ce « quelque part » fait d'elle, selon les cas, un poste avancé, une base arrière ou un poste frontalier. En effet, elle est incontestablement associée à la notion de « frontière ». À l'échelle de la période contemporaine en histoire des sciences, plusieurs stations françaises sont directement liées à l'expansion coloniale en Afrique. Alors que la conquête de l'Algérie est en cours, des astronomes, à travers leurs voyages, leurs mesures et leurs publications, participent grandement à définir un territoire ainsi que les « indigènes » qui le peuplent et à qui la civilisation ferait défaut. L'astronomie contribue donc à dessiner les « frontières physiques et sociales » de l'empire au XIX^e^ siècle[1]. L'emplacement des observatoires dans le pays – lesquels portent quelques fois le nom de « station[2] » – est largement

[1] Soulu Frédéric (2016), « "Ils les connaissaient déjà !" : Pratiques de l'astronomie coloniale française aux frontières de l'Empire en 1862 », *TraverSCE, École doctorale SCE*, n° 496.

[2] « Station d'observation d'Alger » de 1858 à 1861, « Station de Tamanrasset » de 1933 à 1962.
Soulu Frédéric (2018), *op. cit.*, p. 81 et 87.

dépendant de la capacité de l'armée à contrôler et à sécuriser ses positions : dans les décennies qui suivent la prise d'Alger en 1830, les sites choisis se trouvent « dans une zone frontière entre l'espace ordonné de la ville et la campagne où la sécurité semble moins grande » ; celui de Tamanrasset, au sud, n'est créé qu'en 1929 et pérennisé en 1933[3]. Leblan, au sujet de l'Institut Pasteur de Kindia, lequel a tous les attributs d'une station, parle d'un « avant-poste majeur de la science pasteurienne » qui reçoit notamment l'attention du maréchal Pétain et du ministre des Colonies André Maginot lors de visites, respectivement en 1925 et 1929[4].

D'un point de vue métaphorique et philosophique davantage en lien avec la primatologie de la seconde partie du XXe siècle, nous pouvons citer Amanda Rees qui parle de frontière non plus pour évoquer la situation des stations mais directement celle des primates dont la localisation, *« at the boundary between Western conceptions of nature and culture or human and animal »*, a un impact sur les différents discours que tiennent les primatologues à propos de leur travail[5]. Fossey, en racontant un intense échange de regards entre elle et Peanuts en 1968, un jeune gorille qui sera aussi le premier à lui toucher spontanément la main deux ans plus tard, écrit : « J'eus [...] une fois l'impression d'avoir franchi la barrière séparant l'Homme du Grand Singe ». Cet événement fait tomber une frontière pour l'Américaine, en témoigne le télégramme qu'elle envoie à Leakey, qui le conservera longtemps : « J'ai été enfin acceptée par un gorille[6] ».

Travailler, en tant que primatologue, dans la station de Paimpont ou de Makokou, revient à travailler à la frontière entre un territoire connu, sous contrôle, et un territoire inconnu qui ne l'est pas, entre le monde animal et le monde humain. La station signale, dans la topographie de la zone où elle est

---

[3] *Ibid.*, p. 69-79.
[4] Leblan Vincent (2018), *op. cit.*, p. 390.
[5] Rees Amanda (2001), « Anthropomorphism, Anthropocentrism, and Anecdote: Primatologists on Primatology », *Science, Technology, & Human Values*, vol. 26, n° 2, p. 227-247.
[6] Fossey Dian (1983), *op. cit.*, p. 142-143.

implantée, l'existence de cette frontière mais elle marque aussi la possibilité de la franchir et c'est dans ce franchissement que réside ledit travail du scientifique qui y séjourne. Dans ce chapitre, nous voulons pousser les portes de nos deux stations pour toucher à l'essence de la station de primatologie, c'est-à-dire aux éléments internes qui font d'elle ce qu'elle est. Outre sa localisation physique et anthropologique, c'est principalement sa localisation méthodologique, et dans une certaine mesure épistémologique, qui nous intéresse ici, à la frontière entre les partisans d'une démarche expérimentale « pure » entre les murs du laboratoire et ceux d'une démarche éthologique, tout aussi « pure », en pleine nature sans intervention humaine. Cette frontière-ci ne peut pas être tracée d'un trait sur une feuille, d'autant plus que le choix du primatologue n'est pas le seul facteur en jeu, il faut y ajouter les contraintes diverses qui conditionnent celui-ci. Ainsi, elle se matérialise plutôt par une large bande de rencontre, de synthèse et de compromis au centre mouvant d'un *continuum* de sensibilités et de techniques d'observation. Le souci de la meilleure manière d'observer les singes traverse toute l'histoire de la primatologie moderne et ni Makokou ni Paimpont ne font exception. Ce type de questionnement n'est pas explicité dans nos sources directes, cela dit nous postulons que celui-ci est nécessairement présent sous une forme implicite ou bien intériorisé par les chercheurs compte tenu de la teneur des protocoles présentés dans les documents que nous avons analysés. C'est pourquoi nous aurons ponctuellement recours à des cas, selon nous exemplaires, pris dans d'autres contextes pour donner de l'épaisseur théorique à notre propos.

## A. La station : carrefour et lieu de vie

À plusieurs occasions dans les années 1970 et 1980, la presse présente la station biologique de Paimpont en ces termes : « Tel un monastère ultramoderne, elle se dissimule au cœur des 8 000 ha de la forêt, à quatre kilomètres de Paimpont, sur la route de Campénéac [7] » ; « Cette station s'organise un peu comme un monastère, un lieu d'isolement et de rencontre[8] » ; « le temple de l'écologie ouvre ses laboratoires au public. [...] c'est le temple de l'écologie en Bretagne. [...] la station ressemble à un monastère moderne [9] ». Cela fait vraiment ressortir l'image de la station comme lieu de vie et fait sens lorsque l'on reprend plusieurs caractéristiques du monachisme de l'Occident médiéval. Les moines vivent dans leurs monastères autant qu'ils y travaillent et s'y forment. Ils font le choix de s'isoler du monde pour se consacrer à la méditation et à la prière, ce que le reste de la population a peu le temps de faire à cause de ses préoccupations séculières. La dévotion monastique peut être comparée à une sorte de « dévotion » scientifique dans la mesure où les chercheurs, reclus dans leurs stations, se dévouent intensivement à leurs travaux dans le but de participer au progrès scientifique, lequel contribue à l'élévation de l'ensemble de la société au même titre que les religieux cherchent à élucider les mystères de la nature par la théologie et prient pour le salut de tous. La communauté vit fermée sur elle-même et a sa propre dynamique interne mais elle se trouve également dans un réseau d'interrelations grâce à la circulation des personnes et du savoir, s'incluant dans un vaste réseau d'institutions poursuivant les mêmes idéaux. Les stations biologiques ont ceci dit la particularité d'être peuplées d'humains mais aussi d'un certain nombre d'animaux entre lesquels s'instaure *de facto* une forme de vivre-ensemble.

---

[7] Crusson Joël (1977), *op. cit.*

[8] À 2 min 10 s, dans Poitou Gérard (1973), « Quelques pas dans la forêt », Émission *Portrait de l'univers* du 12/11/1973, 54 min 16 s, ORTF, site de l'INA, en ligne www.ina.fr

[9] Ouest France (1983), « Samedi en forêt de Paimpont, le temple de l'écologie ouvre ses laboratoires au public », *Ouest France* du 11/02/1983.
EB (2016-2018a), *op. cit.*

## 1. Un espace de cohabitation et d'interdisciplinarité

### *La primatologie et ses consœurs : aménagement des lieux et production de savoirs*

Les activités des stations de Paimpont et de Makokou se répartissent entre plusieurs fonctions et plusieurs domaines de recherche. Nous nous interrogeons sur le poids de chaque composante et sur le rang tenu par l'étude des primates à côté des autres disciplines. Les plans successifs du projet paimpontais de 1960 à 1965 montrent tous les mêmes éléments. Le noyau dur de la station correspond à deux grands édifices regroupés sur le bord sud-est de l'étang de Chantenay : un bâtiment composé de trois ailes respectivement dédiées à l'enseignement, à la recherche et à l'administration ; un autre composé de plusieurs sous-ensembles réservés à l'hébergement et dans une moindre mesure à la restauration. La partie recherche est la plus grande aile du premier bâtiment et compte 4 niveaux où se répartissent de nombreuses salles : plusieurs laboratoires, des chambres pour les végétaux supérieurs et les micro-organismes, une salle d'opération, des chambres noires, une bibliothèque, un certain nombre de stalles, une salle d'ensemencement, des salles pour les cultures accélérées, la chromatographie à basse température et à température régulée, une salle de spectrophotométrie ou encore divers locaux techniques. Dans les autres ailes se trouvent notamment une autre bibliothèque, une animalerie, une salle des collections et plusieurs salles pour les travaux pratiques et exposés. Des serres pour l'élevage de végétaux et de petits animaux doivent aussi être construites [10]. En 1962, le programme pédagogique provisoire prévoit d'accueillir successivement chaque année

---

[10] Plan de Louis Arretche du 20/02/1960.
ADIV ; 243W58
Plans de Louis Arretche de juin 1963.
ADIV ; 261W113 ; « Station biologique de Paimpont. Avant-projet »
Plans de Louis Arretche et M. Nouviale du 31/01/1964.
ADIV ; 261W117
Plans de Louis Arretche et M. Nouviale du 15/02/1965.
ADIV ; 261W118

250 étudiants de second cycle en zoologie et le même nombre en botanique, 30 étudiants de spécialisation en éthologie, autant qu'en géobotanique et écologie végétale, 50 en zoologie tout comme en botanique, 80 en physiologie végétale ainsi que 20 chercheurs toutes disciplines confondues[11]. Dans les plans des locaux comme dans le programme des stages, la primatologie n'est pas encore à l'ordre du jour mais ces informations donnent une idée du paysage scientifique dans lequel la primatologie s'insère, paysage où la zoologie et l'éthologie occupent une place honorable et où aucune spécialité n'est hégémonique.

La station du Makokou, du temps de la MBG, compte un bâtiment principal pour l'hébergement et la restauration, un second bâtiment d'habitation et un bâtiment pour la recherche où se trouvent 3 laboratoires, 2 pièces de rangement et une chambre froide. Des parcs et cages pour animaux sont installés à l'extérieur [12]. Après le déménagement à Ipassa, les constructions de la nouvelle structure se répartissent dans une dizaine d'hectares de végétation secondaire, sur un plateau surplombant l'Ivindo de 50 mètres. Après divers travaux, on dénombre, dans les années 1980, 4 maisons et 8 chambres individuelles, un bâtiment pour la restauration et des laboratoires au centre du complexe. À cela s'ajoutent un bâtiment où sont rangés les livres et les collections d'animaux ainsi qu'un autre qui abrite un herbier et une salle de préparation. Des enclos et des cages se trouvent à proximité des laboratoires. Quelques abris servent de pépinières[13]. L'équipe « initiale » de la MBG accueille des spécialistes des termites, des araignées et insectes sociaux, des batraciens et reptiles, de l'évolution chez les vertébrés, des petits rongeurs et chevrotins aquatiques, des gorilles et talapoins, des pangolins et de botanique. Autre membre du collectif, Alain Devez, est

[11] ADIV ; 261W114 ; « Programme pédagogique (provisoire) 1962 »

[12] Compte-rendu de la mission du conseiller culturel de l'ambassade de France dans l'Ogooué-Ivindo du 5 au 08/12/1970.
CADN ; 364PO/1 ; 312 ; « CNRS. Laboratoire de primatologie et d'écologie équatoriale de Makokou. 1967-80 »

[13] IRET/ECOTROP (CNRS) (1987), *op. cit.*, p. 9-10.

photographe-cinéaste pour le CNRS[14]. La première grande tâche des chercheurs en poste à Makokou est d'effectuer un important et nécessaire travail d'inventaire et de description de la faune et de la flore, ce qui explique la diversité des spécialités représentées[15]. Souvenons-nous qu'il en est de même à Paimpont avant même la naissance officielle de la station. Par la suite, les missions du laboratoire de primatologie et d'écologie équatoriale continuent d'inclure une approche pluridisciplinaire pour l'étude de l'écologie forestière mais la donne change un peu en ce qui nous concerne puisque l'étude des primates, dans leur milieu naturel et en captivité, devient l'une des priorités affichées[16].

À Paimpont, dans le projet de 1962, une animalerie « animaux en observation » et une autre « animaux en élevage » de 30 m² chacune sont envisagées, ainsi que 150 m² de cages et volières d'extérieure. Sur les plans de 1965, la serre prévue pour les élevages de biologie animale ne mesure plus que 72 m², salle de préparation comprise, ce qui pourrait être mis en parallèle avec les dimensions des nouvelles constructions voulues par Gautier et Gautier-Hion en 1969, soit 84 à 144 m² à l'intérieur, 112 à 240 m² de cages extérieures selon les options. Ceci dit, ce type de comparaison n'est pas pertinent compte tenu du fait que les espèces animales captives initialement étudiées à Paimpont sont beaucoup plus petites en taille que les singes. Ces valeurs absolues sont donc inopérantes, d'autant plus qu'aucun primate ne vivant à l'état sauvage sur le reste du terrain de la station, les autres animaux y sont des objets de recherche incommensurablement majoritaires. Pour effectuer une mesure qui nous permette de cerner, avec davantage de justesse, la position de la primatologie au sein de nos stations et

---

[14] Compte-rendu de la mission du conseiller culturel de l'ambassade de France dans l'Ogooué-Ivindo du 5 au 08/12/1970.
CADN ; 364PO/1 ; 312 ; « CNRS. Laboratoire de primatologie et d'écologie équatoriale de Makokou. 1967-80 »

[15] IRET/ECOTROP (CNRS) (1987), *op. cit.*, p. 13-19.

[16] Note non signée concernant le laboratoire de primatologie et d'écologie équatoriale de Makokou datant de 1971.
CADN ; 364PO/1 ; 312 ; « CNRS. Laboratoire de primatologie et d'écologie équatoriale de Makokou. 1967-80 »

de savoir si le partage de celles-ci entre les différentes disciplines en présence a des répercussions en termes de production de connaissances, nous avons comptabilisé les publications répertoriées. Afin d'harmoniser les données dont nous disposons, nous ne présentons ici que celles relatives à la biologie et aux stratégies adaptatives des animaux ainsi qu'à l'éthologie (tableau 4).

| **Objets d'études** | **Paimpont (1962-1989)**[17] | **Makokou (1962-1986)**[18] |
|---|---|---|
| Invertébrés | 69 (36,3 %) | 67 (22,5 %) |
| Vertébrés | | |
| - analyses comparatives et divers | 5 | 20 |
| - poissons | 1 | 16 (5,4 %) |
| - batraciens et reptiles | 0 | 5 |
| - oiseaux | 50 (26,3 %) | 46 (15,4 %) |
| - mammifères non primates | 5 | 47 (15,7 %) |
| - primates non humains | 54 (28,4 %) | 97 (32,5 %) |
| - primates humains | 1 | 0 |
| Publications non identifiées | 5 | 0 |
| **Total**[19] | 190 (100 %) | 298 (100 %) |

**Tableau 4** : Proportion des études sur les primates dans les publications des chercheurs des stations

[17] Publications du laboratoire ETHOS d'après leur site internet pour la période 1962-1989 inclus, *op. cit.*

[18] IRET/ECOTROP (CNRS) (1987), *op.cit.*, p. 37-52.

[19] Les publications sur les primates de l'une et l'autre des stations ne peuvent s'additionner entre elles dans la mesure où plusieurs titres figurent en même temps sur nos deux listes, celle de Makokou ne se référant pas à un laboratoire en particulier. Nous avons également choisi de ne pas différencier les études comparatives qui incluent des primates de celles qui n'en incluent pas.

Sans être écrasante, la primatologie est largement la spécialité la plus prolifique parmi les sciences comportementales à Makokou – ce n'est pas le cas dans le domaine de la biologie descriptive où les primates semblent absents et les invertébrés massivement représentés[20] – tandis qu'à Paimpont on note un meilleur équilibre entre 3 choix d'objets d'étude, sans doute en lien avec les traditions dont nous avons parlé, avec tout de même un net avantage pour l'observation des invertébrés sur celle des oiseaux et des primates. Toutefois, nous insistons sur le fait qu'il ne faut pas obligatoirement voir dans notre raisonnement comptable le signe d'une compétition entre des spécialistes qui seraient des étrangers les uns pour les autres. *Via* notamment l'écologie, qui prend véritablement le dessus à Makokou lors de la nationalisation de la station, la primatologie collabore avec d'autres disciplines au sein de plusieurs programmes scientifiques, un seul sur 8 suivis dans le cadre de l'accord entre le CNRS et le CENAREST ne concernant que la question des primates[21]. Nous verrons plus loin en quoi l'agencement des lieux amène les résidents des stations à se côtoyer et à partager une vie collective.

### *Mise en réseau des centres de recherche : horizontalité et verticalité des relations*

Au-delà des relations locales avec leurs collègues d'autres branches de la biologie, les primatologues des stations s'insèrent dans des réseaux qui relient entre eux des chercheurs et des groupes de plusieurs continents. Nous nous sommes intéressés à différents types de réseau en privilégiant ceux impliquant de réelles rencontres ou au moins une certaine forme

---

[20] Dans les inventaires, 77 publications portent sur la flore, 127 sur les invertébrés et 30 sur les vertébrés. Aucune ne porte apparemment sur les primates, lesquels ont pourtant bien été recensés.
IRET/ECOTROP (CNRS) (1987), *op. cit.*, p. 21-33 et 18.

[21] Annexes au protocole d'accord entre le CENAREST et le CNRS datant probablement de 1977.
CADN ; 364PO/1 ; 313 : « Recherche France CNRS. Mission ECOTROP (1978-1988) »

de travail collectif. Nous excluons donc les réseaux de circulation du savoir, entre personnes qui ne se connaissent pas mais se lisent les unes les autres, qui pourraient ici émerger d'un minutieux examen croisé des bibliographies de fin de publication des primatologues de Makokou et de Paimpont et de celles où ces derniers sont cités en retour. Le premier type que nous délimitons correspond aux « dynasties » scientifiques qui rassemblent des personnes qui ont en commun un rapport de filiation avec un « père ». C'est ce que nous avons vu avec les « familles scientifiques » de Wasburn ou de Grassé. Ces familles peuvent aussi être de véritables familles. Ainsi Louis Leakey et son épouse Mary, également paléontologue de renom, sont au Kenya le patriarche et la matriarche d'une importante descendance de spécialistes de la préhistoire ainsi que des sciences de la vie et de la terre qui commence avec leurs fils Richard, Jonathan et Philippe ou encore Colin, né d'un premier mariage[22]. Le cours des choses a aussi voulu que Meave Leakey, du *National Museums of Kenya* et femme de Richard, soit l'auteur du premier chapitre du livre *A primate radiation*, dont il va être question dans cette partie, intitulé « Fossil evidence for the evolution of the guenons[23] ». Ce type de réseau, vertical, ayant été largement évoqué dans le chapitre précédent, nous ne reviendrons pas dessus. Il existe aussi des réseaux officiels, comme le CNRS qui fédère une bonne partie de la recherche publique française. Un autre type renvoie aux interrelations entre « égaux », c'est-à-dire sans lien hiérarchique ou d'ascendance entre partenaires. Celles-ci peuvent être tout à fait informelles ou bien formalisées par l'appartenance à une organisation transversale telle que la Société francophone de primatologie. C'est ce qui semble prévaloir dans le cas de de l'ouvrage que nous venons de mentionner et qui répond à l'objectif de garder une trace écrite du colloque sur les cercopithécinés forestiers qui se tient à Paimpont en 1985 en marge d'une conférence internationale d'éthologie. Sans nous désintéresser complètement des institutions, c'est le maillage de ce « réseau Cercopithécinés » qui retient notre attention ici.

---

[22] Coppens Yves (1979), *op. cit.* p. 299.
[23] Leakey Meave (1988), *op. cit.*

La publication collective de 1988 nous fournit un instantané qui nous permet d'identifier et de localiser un certain nombre d'acteurs. Nous pourrions souligner le fait que les directeurs de la publication sont des scientifiques des universités de Rennes et d'Oxford et que l'éditeur est l'université de Cambridge, constituant momentanément le centre tricéphale vers lequel convergent tous les autres collaborateurs, mais ce schéma ne nous donne pas d'élément nouveau. En revanche, les lieux d'origine des scientifiques d'une part et des données exploitées d'autre part éclairent un autre aspect du fonctionnement de la recherche. Les auteurs sont domiciliés académiquement suivant la répartition suivante : 2 en Ouganda, 1 au Kenya, 1 en Belgique, 10 en France dont 4 à Paimpont, 1 en Allemagne, 3 au Royaume-Uni, 1 en Suisse, 10 aux États-Unis et 2 au Canada. L'Europe et l'Amérique du Nord, et plus particulièrement les équipes françaises et américaines, sont surreprésentées. Bien que cela ne soit pas toujours bien précisé, une partie des données provient de ces mêmes pays qui disposent notamment d'animaux en captivité. Ainsi, Loireau et Gautier-Hion présentent une étude sur les comportements de marquage olfactif réalisée avec des *cercopithecus neglectus*, vraisemblablement à la station biologique de Paimpont, et font référence à des données collectées à Paimpont et au jardin zoologique de Mulhouse à propos des *cercopithecus nictitans*, *cephus*, *mona* et *lhoesti* ainsi que des observations et expérimentations sur des *cercopithecus hamlyni* et *allenopithecus nigroviridis*[24]. Nombre de données viennent pourtant de pays d'Afrique couvrant presque tout le continent du nord au sud et d'est en ouest. Ce sont des pays où des espèces de cercopithécidés ont pu être observées[25] ou bien où on a pu trouver des fossiles[26]. Plutôt que faire une liste des sites

[24] Loireau Jean-Noël, Gautier-Hion Annie (1988), « Olfactory marking behaviour in guenons and its implications », dans Annie Gautier-Hion *et al.*, *op. cit.*, p. 246 et 252.

[25] À propos de la distribution géographique du genre *cercopithecus* partout en Afrique, voir Lernould Jean-Marc (1988), « Classification and geographical of guenons: a review », dans Annie Gautier-Hion *et al.*, *op. cit.*, p. 54-78.

[26] À propos des sites préhistoriques en Libye, Égypte, Ouganda et Kenya, voir Leakey Meave (1988) et Pickford Martin, Senut Brigitte (1988), *op. cit.*

d'observation, nous pouvons en citer quelques-uns qu'il nous semble pertinent de faire figurer côte à côte, sans prétendre à l'exhaustivité, comme la forêt de Kibale en Ouganda, de Kakamega au Kenya, de Makokou au Gabon et celle de Taï en Côte d'Ivoire où, par exemple, des données détaillées sur le régime alimentaire de plusieurs espèces ont été recueillies[27]. En nous arrêtant sur un seul cas, nous constatons que Kibale, où Thomas Struhsaker et Lysa Leland, de la *New York Zoological Society* étudient les dynamiques de groupes des *cercopithecus ascanius* dans le cadre du *Kibale Forest Project*[28], est à ce moment un territoire équivalant et donc comparable à Makokou et à d'autres sites sur le continent du point de vue de l'histoire de la primatologie et de la configuration particulière qui s'y observe avec un projet durable localisé dans un pays du « Sud » indépendant et des chercheurs rattachés à un pays du « Nord ». Nous avons ainsi affaire à un réseau qui est double avec un sous-réseau « classique » constitué de centres de recherche basés dans des pays politiquement et scientifiquement dominants, et un autre entremêlé au premier qui se compose d'autres centres de recherche et de postes d'observation africains.

En nous focalisant sur Paimpont et Makokou, en questionnant la nature du lien qui les unit, c'est peut-être simplement l'une des articulations de ce très large double réseau que nous mettons en relief. Nous avons évoqué une partie des rapports entre les deux stations qui paraissent verticaux : pendant longtemps, le CNRS exerce un contrôle sur l'ensemble, légitimement pour Paimpont qui se trouve sur le territoire national mais dans une relation avec le Gabon héritée d'une certaine culture coloniale. On peut donc imaginer que Paimpont est « au-dessus » de Makokou dans une relation de

[27] Gautier-Hion Annie (1988a), « The diet ans dietary habits of forest guenons », dans Annie Gautier-Hion *et al.*, *op. cit.*, p. 257-284.

[28] Struhsaker Thomas T. (1988), « Male tenure, multi-male influxes, and reproductive success in redtail monkeys *(Cercopithecus ascanius)* », dans Annie Gautier-Hion *et al.*, *op. cit.*, p. 430-363.

Struhsaker Thomas T., Leland Lysa (1988), « Group fission in redtail monkeys (*Cercopithecus ascanius*) in the Kibale Forest, Uganda », dans Annie Gautier-Hion *et al.*, *op. cit.*, p. 364-388.

hiérarchie au moins symbolique entre ancienne métropole et ancienne colonie. En fait, cela est plus complexe qu'en apparence. Nous avons vu que les stations sont liées en premier lieu par l'identité des primatologues qui y installent la discipline et par l'origine des singes, or nous avons là une circulation des personnages de l'histoire qui n'implique pas de différence de rang. Par contre, on peut y voir une disposition en plusieurs dimensions qui peut être décrite dans une métaphore assez militaire. Pour commencer, la primatologie à Paimpont ne correspond pas à un fait biologique local dans la mesure où la forêt de Brocéliande n'est l'habitat naturel d'aucun singe. Dans un documentaire, diffusé en 1973, présentant la station, les primates ne font d'ailleurs l'objet d'aucune séquence, ce qui témoigne de la place du lieu dans notre réseau[29], c'est-à-dire celle d'une base arrière. Les primatologues y transportent l'élevage de cercopithécinés après sa constitution sur leur front d'investigation gabonais afin d'engager un travail dans un milieu plus stable pour eux-mêmes, mieux contrôlé. Durant la période où la discipline existe simultanément dans les deux stations, les primatologues sont postés à Paimpont entre deux voyages sur le terrain[30]. En étant située en France, la station est dans un carrefour plus central et plus dense d'activité et d'échange de la communauté scientifique occidentale. Elle joue donc aussi un rôle de base-relais qui permet de faire connaître les réalités africaines observées. Ceci étant dit, il est vrai que d'un autre point de vue, on ne peut s'empêcher d'y voir quelque chose d'inégalitaire entre un Gabon fournisseur de matière première, en l'occurrence scientifique quand il s'agit de données et animale lorsque ce sont directement les singes qui sont prélevés, et une France qui fournit l'infrastructure, le savoir et le savoir-faire. Makokou peut être vu, de son côté, comme un poste avancé en zone frontalière. Signalons à ce sujet que Paimpont n'est pas la seule base arrière à en bénéficier. Nous pouvons citer Claude Marcel Hladik qui séjourne dans la

[29] Poitou Gérard (1973), *op. cit.*

[30] Pour Gautier-Hion par exemple, le véritable théâtre des opérations semble bien être l'Afrique et non Paimpont.
Voir Jourdaa Frédérique (1999), *op. cit.*

station pendant toute une année en 1971-1972 pour observer un groupe de chimpanzés mais est rattaché ensuite au laboratoire d'écologie du Muséum national d'histoire naturelle à Brunoy[31]. Autre exemple, en 1989 : la collaboration de Gautier-Hion avec Georges Michaloud, de l'Institut de botanique de Montpellier, qui illustre aussi l'interdisciplinarité dans le cadre des recherches en écologie forestière[32]. À son échelle, Makokou est aussi une base arrière pour des postes établis plus loin sur le terrain comme l'antenne de Bélinga. Les chercheurs, tels des éclaireurs, prennent alors appui sur la station pour partir en exploration au-delà de la frontière.

## 2. Un foyer pour les primates

### *Des hommes et des singes coupés de leurs mondes : vivre ensemble et séparés*

Primates humains et non humains, lorsqu'ils résident dans une station, partagent un même lieu de vie. Pour autant, la plupart du temps, ils ne vivent pas exactement ensemble, chaque espèce évoluant dans l'espace qui lui est assigné. À la MBG, les humains ont en commun un grand séjour, un débarras, une cuisine et des sanitaires. Ils ont aussi leur intimité puisque, en 1965, la mission compte sept chambres avec douche et lavabo individuels ainsi qu'un appartement[33]. À l'IRET, on a les quatre maisons et les huit chambres individuelles déjà citées, lesquelles sont équipées de toilettes. Dans un bâtiment commun se trouvent une cuisine et une salle à manger. La station est autonome en eau, grâce au captage à la source et à un château

---

[31] Hladik Claude-Marcel (1973), « Alimentation et activité d'un groupe de chimpanzés réintroduits en forêt gabonaise », *La Terre et la Vie*, 27, p. 343-413.
[32] Gautier-Hion Annie, Michaloud Georges (1989), « Are Figs Always Keystone ressources For Tropical Frugivorous Vertebrates? A Test in Gabon », *Ecology*, 70(6), p. 1826-1833.
[33] Compte-rendu de la mission du conseiller culturel de l'ambassade de France dans l'Ogooué-Ivindo du 5 au 08/12/1970.
CADN ; 364PO/1 ; 312 ; « CNRS. Laboratoire de primatologie et d'écologie équatoriale de Makokou. 1967-80 »

d'eau mais est alimentée en électricité depuis Makokou[34]. À Paimpont, les choses sont différentes à deux niveaux. En termes de capacité d'accueil, on envisage en 1962 la construction de quatre dortoirs de 10 lits pour des étudiants, 22 chambres individuelles pour étudiants avancées ou pour assistants, 8 chambres de professeurs, une chambre d'infirmerie et un pavillon pour le gardien. Deux réfectoires et une cuisine avec son annexe sont également prévus[35]. Cet écart entre les deux stations se vérifie dans les chiffres de l'affluence réelle. Des étudiants français et étrangers en formation ainsi que des enseignants en perfectionnement sont de plus en plus nombreux à participer à des stages à Paimpont : on passe de 6 stages regroupant 94 personnes en 1967 à 30 stages regroupant 638 personnes en 1970. En fait, il s'agit de sessions de relativement courte durée, la capacité d'accueil de la station étant bien de 70 personnes en 1970[36]. Cela contraste avec le total de plus d'une centaine de chercheurs « seulement » qui passent par la station de Makokou entre 1962 et 1986[37]. L'autre différence réside dans le mode de vie qui s'y devine. En effet, même si dans les deux cas une forme de vie collective est attestée par la seule existence de pièces de vie partagées, il semble que l'hébergement à Paimpont se rapproche de l'hôtellerie tandis qu'à Makokou, le plus grand isolement et la taille réduite de la structure laissent penser à des habitudes communautaires plus développées. À chaque fois, une distinction est faite entre équipe permanente et chercheurs de passage. Peut-être cela se traduit-il dans la répartition entre les maisons et les simples chambres à Ipassa. Côté paimpontais, la proximité de Rennes nous autorise à nous demander si des chercheurs rattachés à la station vivent effectivement sur place ou si la fonction d'accueil, et donc la potentielle rencontre quotidienne hors du cadre purement professionnel, ne concerne éphémèrement que les stagiaires et autres visiteurs.

---

[34] IRET/ECOTROP (CNRS) (1987), *op. cit.*, p. 10.

[35] ADIV ; 261W114 ; « Programme pédagogique (provisoire) 1962 »

[36] Lefeuvre J.-C. (1970), *op. cit.*

[37] IRET/ECOTROP (CNRS) (1987), *op. cit.*, p. 5.

Les cercopithécinés captifs de la MBG sont installés dans des enclos à l'air libre « agrémentés au maximum d'échafaudages divers et de bassins garnis d'herbes pour les espèces vivant au bord de l'eau ». Ils y sont répartis par groupes d'une espèce[38]. Nous disposons de quelques données quant à la taille de bassins utilisés par les singes qui nagent. Par exemple, « un groupe de 15 talapoins était maintenu dans un grand enclos possédant un bassin de 4 m de long, 2 m de large et profond de 80 cm » et le bassin d'un enclos où sont placés des cercopithèques de Brazza est « long de 3 m, large de 1,20 m et profond de 2 m[39] ». Les singes disposent aussi d'une partie couverte pour se protéger contre les intempéries. À l'arrivée de Gautier-Hion, une dizaine de gorilles et chimpanzés sont présents. Gautier qualifie de « rudimentaires » les installations pour les anthropoïdes mais nous ne savons pas si ces conditions jouent un rôle dans l'épizootie de Yersiniose fatale à la plupart d'entre eux[40]. L'élevage des grands singes se fait en fait sur deux sites : Bélinga et Makokou[41], nous y reviendrons. Nous avons les chiffres exacts du projet présenté au recteur en 1969 au sujet de Paimpont mais nous ne connaissons pas les dimensions réelles de l'élevage. Un devis fait état de bâtiments de 8,22 mètres de long, 5,20 mètres de large et de 2,6 à

---

[38] Rapport de Jean-Pierre Gautier au recteur du 06/03/1969.
ADIV ; 243W58 ; « Élevage des cercopithèques »

[39] Gautier-Hion Annie, Gautier Jean-Pierre (1971), « La nage chez les cercopithèques arboricoles du Gabon », *Terre et Vie*, 1, p. 89 et 71.

[40] Gautier Jean-Pierre (2018), *op. cit.*
Les agents infectieux peuvent être la *Yersinia enterocolotica* ou la *Yersinia pseudotuberculosis*. Dans les deux cas, « les animaux atteints tombent rarement malades. [...] L'infection se fait principalement par voie orale, par ingestion de nourriture ou d'eau contaminée par des matières fécales. Une infection par contact direct est également possible ». « Quelques cas sporadiques d'entérite et de septicémie » sont signalés chez le singe pour la *Yersinia enterocolotica.* Pour la *Yersinia pseudotuberculosis*, la « forme aiguë se manifeste par une septicémie fatale. En cas d'évolution subaiguë à chronique, on observe des accès de diarrhée et des symptômes non spécifiques. La forme chronique est caractérisée par la dissémination de nombreux foyers blanchâtres [qui] rappellent les granulomes tuberculeux ».
Note sur la Yersiniose de mars 2013, Office fédéral de la sécurité alimentaire et des affaires vétérinaires, Confédération suisse.

[41] Hladik Claude-Marcel (1973), *op. cit.*, p. 345.

3,04 mètres de hauteur. Une cage est prévue devant chacun avec comme dimensions 7 mètres sur 8 au sol pour 3 mètres de haut. Une alternative consiste en des constructions de 8 mètres de long sur 6 de large, hautes de 4,20 mètres avec des cages 8 mètres sur 10[42]. Dans les faits, au moins un enclos extérieur possède un bassin que fréquentent des singes de Brazza au début des années 1970[43]. À propos de la même espèce, dans les années 1980, il est, lors d'une expérience, question de deux groupes formés d'un mâle et d'une femelle adultes et respectivement 1 et 3 individus plus jeunes. Les premiers disposent d'un espace extérieur de 25 m² connecté par un corridor à celui des derniers situé 45 mètres plus loin, lequel est de 100 m². Chacun bénéficie aussi d'un compartiment intérieur[44]. Le projet initial prévoyant que les parties couvertes soient chauffées, on peut penser que cela est le cas dans sa concrétisation, ce qui facilite l'acclimatation de la première génération importée bien que nous ignorions si les Gautier-Hion-Gautier ont rencontré ou non des difficultés liées au froid similaires à celles d'Herrenschmidt lors du difficile premier hiver des macaques de Tonkean et de Java à Landskron et au CdP de Strasbourg[45]. Nombre de singes naissent ensuite sur place et ne connaissent que le climat breton. Le problème ne se pose pas pour eux[46].

Les humains et les autres primates vivent séparément et on ne peut donc pas vraiment parler de collectivité interspécifique au sein de nos stations. De plus, les singes sont captifs et les humains en liberté. Cela dit, des points de contact existent, de manière évidente dans le cadre du travail mais pas uniquement. Dans la mesure où il s'agit, du moins au Gabon, de cohabiter jour et nuit pendant des semaines voire des mois, ces quelques points de contact ne peuvent pas être pris à la légère. Il y a d'abord le cas des très jeunes orphelins recueillis, « il faut alors

---

[42] Rapport de Jean-Pierre Gautier au retour du 06/03/1969. ADIV ; 243W58 ; « Élevage des cercopithèques »
[43] Gautier-Hion Annie, Gautier Jean-Pierre (1971), *op. cit.*, p. 72.
[44] Loireau Jean-Noël, Gautier-Hion Annie (1988), *op. cit.*, p. 247.
[45] Hoenen Laure (2014), *op. cit.*, p. 25, 28 et 46.
[46] Stent Kate (2013), *op. cit.*

les élever au biberon et se substituer le plus possible à leur mère, sur le plan affectif[47] ». Ces mots sont forts et porteurs de sens. Certains singes sont habitués au contact avec les primatologues avec qui ils nouent des liens nécessairement marquants. La relation avec les personnes chargées de les nourrir, même adultes, implique aussi probablement des rapports qui dépassent le cadre scientifique. Autre cas de figure : l'élevage à domicile. Si la pratique peut surprendre, même si ce n'est pas une nouveauté dans l'histoire de la primatologie[48], elle est attestée pour Gautier et Gautier-Hion. Nous avons peu de détails à son sujet mais ce qui est certain c'est qu'un jeune talapoin a vécu « en liberté » à leur domicile en France pendant plusieurs mois au moins[49]. Là encore, tout scientifique que soit le couple et sa volonté de respecter une distance affective, il nous semble inimaginable qu'il n'y ait pas eu alors l'établissement et la normalisation d'une relation particulière voire d'une forme de communication entre espèces qui serait comparable à ce qui peut se passer entre « maîtres » et animaux de compagnie. Pour finir, il faut prendre en considération des relations, sans doute rares, entre humains et espèces sauvages. Du temps de la MBG, Gautier-Hion observe les talapoins dans les marigots « lorsqu'ils venaient profiter du manioc mis à rouir par les villageois de Makokou[50] ». Plus tard, la circulation de lémuriens et de singes non loin des lieux d'habitations de la station sur le plateau d'Ipassa est une réalité[51], on connaît notamment une troupe de *cercopithecus cephus* devenue familière à l'homme pendant les années 1970[52]. Il s'agit bien là d'une sorte de coexistence entre humains et singes qui font les uns pour les autres partie d'un paysage quotidien et partagent un même écosystème.

---

[47] Rapport de Jean-Pierre Gautier au recteur du 06/03/1969.
ADIV ; 243W58 ; « Élevage des cercopithèques »

[48] Voir par exemple Boutan et son gibbon ou encore le gorille Congo au domicile de James, frère de Ben Burbridge.
Montgomery Georgina M. (2015), *op. cit.*, p. 37-44.

[49] Gautier-Hion Annie, Gautier Jean-Pierre (1971), *op. cit.*, p. 69-70.

[50] Hladik Claude-Marcel et Annette (2011), *op. cit.*

[51] IRET/ECOTROP (CNRS) (1987), *op. cit.*, p. 10-12.

[52] Quris René *et al.* (1981), *op. cit.*, p. 37-38.

*La question de la capture, de l'élevage et de l'exportation*

D'où viennent les singes captifs ? Ou plutôt, comment en arrivent-ils à la situation de captivité ? Pour quelles raisons sont-ils acquis, élevés et éventuellement exportés ? Pourquoi les chercheurs des stations font-ils le choix de les maintenir dans cette condition ? Laissons de côté pour l'instant la réponse la plus commode pour nous à cette dernière interrogation, à savoir l'enjeu épistémologique propre à une certaine vision de l'éthologie, pour explorer les autres éléments de réponse qui se présentent à nous. Une justification qui se répète est celle de la pression de la chasse qui rend des espèces vulnérables et un certain nombre de petits orphelins. Ainsi, d'après Gautier, à l'exception du talapoin « qui en raison de sa petite taille est peu chassé, et devenu un commensal de l'homme », tous les singes captifs de la station, des cercopithèques aux gorilles, seraient « de jeunes animaux, orphelins de la chasse – activité intensive dans la région ». En réponse à cela, l'élevage de Paimpont « permettra d'obtenir une reproduction de toutes les espèces[53] », hors les grands singes. Dans son rapport de 1969, il explique pourtant que les « singes proviennent soit de campagnes de piégeage effectuées sur les itinéraires des bandes dans la forêt soit de bébés pris sous le ventre de leur mère tuée par les indigènes » ; et une photographie montre une tranchée « dans la forêt avec des pièges posés sur des "ponts" qui la traversent[54] ». La volonté de capturer des singes est donc flagrante et complémentaire de celle de simplement recueillir des bêtes survivantes du meurtre de leurs parents. D'autres documents mettent en évidence une intention beaucoup plus large de systématiser la capture mais aussi l'exportation. D'abord, la convention de 1967 au sujet de la station de Makokou stipule que :

---

[53] Gautier Jean-Pierre (2018), *op. cit.*
Voir aussi Gautier Jean-Pierre (2012), *op. cit.*

[54] Rapport de Jean-Pierre Gautier au recteur du 06/03/1969.
ADIV ; 243W58 ; « Élevage des cercopithèques »

Article 4 – Les activités de la ferme-laboratoire seront les suivantes :

— L'élevage et la multiplication des espèces de primates qui vivent dans la région de Makokou ; elles comprennent principalement des lémuriens (galagos, pérodictiques et arctocèbes), des cercopithèques, des cercocèbes, des mandrills et deux anthropomorphes (chimpanzés et gorilles).

— Des travaux de laboratoires [...]

Article 5 –

1 – La ferme-laboratoire accueillera des animaux capturés essentiellement dans la zone de protection.

2 – Le CNRS n'exportera que des animaux provenant de la ferme. Le nombre des animaux ainsi exportés ne dépassera pas 3 000 unités par an.

3 – Les expéditions se feront selon les besoins et les possibilités d'accueil en France et les possibilités de production de la ferme-laboratoire. Elles seront réalisées de Makokou vers un aérodrome international par voie aérienne spéciale[55].

Ce que complète un bulletin de 1971 :

Le professeur BROSSET, qui doit quitter le Gabon le 5 mars après une mission de recherche à Makokou de deux mois, a séjourné 48 heures à Libreville pour négocier les termes d'un projet de convention qui refondrait et expliciterait la convention passée le 9 mars 1967 par le professeur GRASSÉ et dont les dispositions sont apparues, à l'usage, imprécises ou incomplètes. [...]

La nouvelle convention [...] précisera en particulier :

– [...]

— les quantités d'animaux que le CNRS sera autorisé à exporter annuellement (15 anthropoïdes et 50 cercopithèques pour les trois années à venir[56])

---

[55] Convention entre le gouvernement français pour le compte du CNRS et le gouvernement gabonais du 09/03/1967.
CADN ; 364PO/1 ; 312 ; « CNRS. Laboratoire de primatologie et d'écologie équatoriale de Makokou. 1967-80 »

[56] Bulletin d'information n° 50 MPAC/G février 1971.

Nous pouvons lire ici que la partie du texte de 1967 portant sur l'exportation reste plusieurs années sans grand effet – rien n'est fait, à notre connaissance, en dehors de l'installation de l'élevage de Paimpont – et nous avons vu plus haut que le volet médical et pharmaceutique du projet ne donne lieu à aucune suite avant le renoncement définitif à toute ambition dans ce domaine dans le courant des années 1970. Ceci dit, il apparaît dans ces lignes que la capture est pensée en vue d'un élevage pour une exportation qui, du fait de sa régularité, ne peut être dirigée que vers des laboratoires. On passe virtuellement de 3 000 singes par an à 65 singes sur 3 ans, changement d'orientation qui, peut-être, témoigne de la confrontation avec le réel et résulte de divergences de point de vue entre dirigeants français, gabonais, scientifiques de France ou de terrain, à moins que le premier chiffre ait été annoncé comme un maximum critique pour limiter les abus. La quantité est de toute façon importante au vu de la taille de la structure et des effectifs réels connus des élevages, soit 22 cercopithécidés et quelques chimpanzés en 1969 à Makokou[57], et une cinquantaine de singes à Paimpont en 1977[58]. À une autre échelle, ces chiffres demeurent toutefois extrêmement limités. À titre de comparaison, l'exportation de macaques rhésus indiens vers les États-Unis est de 107 819 individus en 1960, 20 933 en 1968 et 12 287 en 1976 tandis que 7 000 sont « produits » annuellement sur le sol américain entre 1978 et 1980. Cela est dû à des raisons qui peuvent aussi expliquer l'échec du projet à Makokou : les espèces de primates que l'on trouve au Gabon ne semblent pas être des espèces de référence pour la recherche biomédicale au niveau mondial. En revanche, le macaque rhésus, en provenance presque exclusivement d'Inde et très secondairement du Bangladesh, est un animal modèle, en particulier pour la production de vaccins contre la poliomyélite à partir des années 1920. Suite au retrait de l'Inde du marché en 1978, le macaque fascicularis, provenant de Malaisie,

---

CADN ; 364PO/1 ; 312 ; « CNRS. Laboratoire de primatologie et d'écologie équatoriale de Makokou. 1967-80 »

[57] Hladik Claude-Marcel (1973), *op. cit.*, p. 345.

[58] Crusson Joël (1977), *op. cit.*

d'Indonésie et des Philippines, devient le nouveau modèle[59]. Un des critères pour ce choix est la disponibilité d'individus en grand nombre, or nous verrons qu'il est très difficile d'estimer même approximativement l'abondance des espèces dans la forêt gabonaise qui nous intéresse ici.

Le choix de la capture continue d'être fait en éthologie au moins jusqu'aux années 1970. L'explication la plus satisfaisante, par sa cohérence, est finalement bien celle écartée au départ, c'est-à-dire un choix purement méthodologique de facilitation du travail d'observation. « Les avantages d'une étude sur des animaux qui ne sont pas entièrement sauvages apparaîtront évidents aux personnes connaissant la forêt du Gabon », écrit Hladik. Il avance que cela est dû à la chasse, laquelle rend les bêtes craintives. Elle est importante pour les Gabonais autour de la station car elle est leur principale source de protéines mais, là encore, on voit bien que ces derniers ne traquent pas les singes uniquement pour se nourrir puisque, par exemple, les premiers chimpanzés accueillis à la MBG en 1963 sont apportés par des chasseurs. En 1967, en « prévision de leur réintégration dans une réserve, de nouveaux jeunes sont achetés ». Nous retrouvons une volonté de protéger l'espèce mais on apprend au passage que la capture de singes peut être ponctuellement une source de revenus complémentaire pour des habitants de la région. Par ailleurs, le traumatisme physique et psychologique d'un jeune chimpanzé, Kangaka, « capturé au câble et confiné dans une caisse » est décrit ainsi : « [il] se trouve en très mauvais état, ne pesant que 17 kilos. Après quelques jours de suralimentation, il est lâché sur l'île le 10 mai 1971 et se réfugie au sud où il vit discrètement, sans aucun contact avec les autres chimpanzés [60] ». Le fait que des Européens rémunèrent des Africains pour se procurer des singes et les répercussions négatives sur la vie de ceux-ci rappellent

---

[59] Pour les chiffres, voir Hoenen Laure (2017), *op. cit.*, p. 9.
Pour le reste, voir l'article entier.
Sur les autres espèces modèles, voir Warter Lucile (2006), *Utilisation des primates non humains en recherche biomédicale*, Thèse de doctorat, Université de Toulouse, p. 25-30.

[60] Hladik Claude-Marcel (1973), *op. cit.*, p. 343-346.

d'autres situations dans lesquelles l'incidence de la pratique sur les populations simiennes en termes de démographie et d'équilibres sociaux est mesurable. L'histoire des captures, et des massacres, de gorilles de l'est et du commerce de la faune, stimulé par certaines institutions occidentales, est suffisamment documentée pour que nous ayons une bonne visibilité du problème les concernant[61] et que nous nous demandions si les primatologues de Makokou sont en partie responsables d'un hypothétique accroissement de la vulnérabilité des singes qu'ils étudient, en encourageant directement ou non le braconnage, ou si leur présence contribue au contraire à la réduire.

### B. Deviner l'invisible : difficultés et stratégies de l'observation de terrain

Le travail de terrain pose aux primatologues de grandes difficultés techniques, qui demeurent longtemps insurmontables, ainsi qu'un défi en termes de validité scientifique. Celui-ci devient pourtant nécessaire pour pallier les manques du laboratoire dans le champ des études comportementales [62]. Yerkes initie un progrès majeur en envoyant Harold Bingham et Nissen au Congo et en Guinée en 1929-1930. Ces derniers échouent à établir une méthodologie efficace mais Carpenter, autre membre de son projet naturaliste, y parvient et fait franchir un seuil significatif à la discipline lors de recherches sur les singes hurleurs au Panama en 1931-1933 et sur les gibbons dans le cadre de l'*Asiatic Primate Expedition* (APE) en 1937. Par ces voyages et durant la suite de sa carrière,

---

[61] Sur les gorilles de l'est au XXe siècle dans une approche historique large, voir Pouillard Violette (2015), *op. cit.*
Sur les gorilles de montagne pour une vision plus personnelle et plus localisée, voir Fossey Dian (1983), *op. cit.*
Sur le rapport à la faune sauvage du zoo d'Anvers depuis le XIXe siècle, voir Pouillard Violette (2011), *op. cit.*
À titre de comparaison, sur les battues de chimpanzés en Guinée, voir Leblan Vincent (2018), *op. cit.*, p. 412-421.

[62] Voir Montgomery Georgina M. (2015), *op. cit.*, p. 27-51 et Montgomery Georgina M. (2005), *op. cit.*, p. 495-496.

il défend l'idée que la méthode scientifique incorporant « précision, répétition et objectivité » peut tout à fait s'appliquer sur le terrain. Pour cela il développe des méthodes rigoureuses, comme celles de comptage des individus ou d'analyse dyadique des interactions dans un groupe, applique des stratégies permettant d'observer sans être vu et le principe de « distances de tolérance » pour ne pas altérer par sa présence le comportement étudié. Enfin, il se donne une légitimité académique supplémentaire en n'hésitant pas à utiliser des outils technologiques d'enregistrement et en ayant recours à une approche quantitative accrue[63].

Certaines de ces techniques sont encore enseignées et utilisées des décennies plus tard. Plus ou moins explicitement, Shirley Strum, Linda Fedigan ou encore Jeanne Altmann se posent en continuatrices[64] et les primatologues français au Gabon, sans être des théoriciens, démontrent dans les faits que les préoccupations de Carpenter sont aussi au cœur de leur travail.

## 1. Recueillir les données

### *L'observation directe*

Les groupes de singes observés sur le terrain par les résidents de la MBG puis du laboratoire d'Ipassa ne le sont qu'au prix de longues périodes de recherche, de « planque » et de « filature » dans des lieux plus ou moins éloignés de la station. Parfois, les animaux sont à proximité de la base[65] ou un peu plus loin dans la concession[66] mais dans bien des cas il faut parcourir des distances plus grandes. En outre, chaque zone d'étude correspond à un milieu naturel singulier, avec ou sans présence humaine, qui impacte les conditions de travail de diverses façons : efforts physiques, accessibilité compliquée, obstruction du champ visuel,

63 Montgomery Georgina M. (2005), *op. cit.*, p. 501-509.
64 *Ibid.*, p. 507-509.
65 Voir par exemple Quris René *et al.* (1981), *op. cit.*, p. 37-38.
66 Voir par exemple Gautier-Hion Annie, Gautier Jean-Pierre 1978, *op. cit.*, p. 86.

difficulté à suivre les singes... Par exemple, René Quris se rend dans une localité à 36 km de Makokou sur les rives de la Liboui et campe sur place 224 jours, en deux fois entre 1972 et 1974, pour chercher et suivre le plus longtemps possible des *cercocebus galeritus*. Le lit de la Liboui, marécageux et partiellement inondé pendant les deux saisons des pluies, est peuplé d'arbres moins hauts et d'un sous-bois plus touffu que sur les berges. La végétation forme une voûte au-dessus des bras étroits de la rivière, permettant aux singes de la traverser sans problème[67]. La région de Bélinga au nord, à 800 mètres d'altitude, est recouverte de forêt primaire au sous-bois « relativement » clair. Elle n'est pas habitée et la chasse y est par conséquent peu importante. On trouve dans celle de la Ndjaddié, au nord-est de Makokou, une forêt haute à sous-bois « exceptionnellement » clair et des marigots entourés d'une végétation plus basse et plus dense. Pendant certaines périodes, l'endroit est inondé. Inhabité, on y chasse surtout durant les saisons sèches près des campements de pêche. La zone de Ntsi-Belong, à 11 km de Makokou vers l'ouest, est traversée d'une rivière et entoure un village. Le couvert végétal est composite : « forêt primitive inondée [...] généralement inextricable et basse, des lambeaux de forêt plus haute, de la forêt secondaire de divers stades et des zones cultivées ». La chasse aux singes y est intensive. 7 km plus loin à l'est, Ebieng est aussi proche d'un village et présente des caractéristiques similaires à Ntsi-Belong avec davantage de forêt inondée. De toutes ces différences découlent plusieurs choix d'approche. On accède à Ntsi-Belong et à Ebieng, où respectivement 4 et 7 $km^2$ sont parcourus, par les rivières. Comme Quris du côté de la Liboui, Gautier et Gautier-Hion repèrent les singes, les identifient et les suivent autant que possible. Ils accèdent à Bélinga à pied en passant par une route de crête qui est un atout pour le repérage des bandes sur les flancs de la montagne avant de partir à leur poursuite. La surface explorée là est d'environ 5 $km^2$. Sur la Ndjaddié, la pirogue à pagaie « lente et silencieuse » semble

[67] Quris René (1976), « Données comparatives sur la socioécologie de huit espèces de cercopithecidae vivant dans une même zone de forêt primitive périodiquement inondée (Nord-Est du Gabon) », *La Terre et la Vie*, p. 193-194.

idéale pour trouver les groupes à la levée du jour puis on continue à pied pour les identifier[68].

Le repérage se fait souvent grâce aux cris mais, parfois, on n'obtient pas mieux que l'écho du cri lointain d'un colobe magistrat. On reconnaît ce dernier, on sait qu'il est là, quelque part, mais on ne le voit pas[69]. Les contacts visuels avec les petits singes gabonais ne sont pas aussi rares qu'avec les chimpanzés mais, et ce qui vient d'être exposé permet de le comprendre, ils s'avèrent très irréguliers (tableau 5). Les informations comprises dans ce tableau sont incomplètes et nous ne nous hasarderons pas à les qualifier de représentatives. Cela dit, elles confirment ce que les principaux intéressés affirment à la fin des années 1960 : « l'observation directe des cercopithèques dans la nature est extrêmement difficile (c'est une des raisons pour lesquelles ces singes n'ont pas encore été beaucoup étudiés[70]) ».

| **Noms des observateurs** | **Temps sur le terrain** | **Nombre de rencontres avec des singes** | **Temps d'observation effectif** |
|---|---|---|---|
| Claude-Marcel Hladik | 3 mois en 1965-1966 | 1 (*pan troglodytes*) | « bref » |
| Pierre Charles-Dominique | 5 séjours d'un total de 33 mois à l'époque de la MBG | 6 (*pan troglodytes*[71]) | |
| Jean-Pierre Gautier<br>Annie Gautier-Hion | 1967-1968 | 60 (*cercopithecus nictitans*)<br>59 (*cercopithecus cephus*)<br>50 (*cercopithecus mona*)<br>15 (*cercocebus albigena*)<br>57 (*miopithecus talapoin*)<br>7 (*cercopithecus neglectus*)<br>2 (*cercocebus galeritus*)<br>3 (*colobus polykomos abyssinicus*[72]) | |

[68] Gautier Jean-Pierre, Gautier-Hion (1969), *op. cit.*, p. 166-168.
[69] *Ibid.*, p. 166 et 168.
[70] Rapport de Jean-Pierre Gautier au recteur du 06/03/1969. ADIV ; 243W58 ; « Élevage des cercopithèques »
[71] Hladik Claude-Marcel (1973), *op. cit.*, p. 344.
[72] Gautier Jean-Pierre, Gautier-Hion Annie (1969), *op. cit.*, p. 170, 173, 175, 177.

| | | | |
|---|---|---|---|
| René Quris | De février à mai 1972 et de août à septembre 1972 | (*cercocebus galeritus*) | Une centaine d'heures avec des contacts variant entre 0, quelques minutes et 6 ou 7 heures[73]. |
| René Quris | 2 cycles d'un total de 224 jours de mars à mai 1972 et d'avril 1973 à juin 1974 | 517 (*cercocebus galeritus*)<br>7 (*cercocebus albigena*)<br>90 (*cercopithecus neglectus*)<br>94 (*cercopithecus nictitans*)<br>56 (*cercopithecus pogonias*)<br>56 (*cercopithecus cephus*)<br>9 (*miopithecus talapoin*)<br>31 (*colobus abyssinicus occidentalis*) | 207 heures (*cercocebus galeritus*[74]) |
| Annie Gautier-Hion Jean-Pierre Gautier | 200 heures de recherche (île aux chimpanzés)<br><br>500 heures de recherche (plateau d'Ipassa) | (*cercopithecus neglectus*) | 30 heures<br><br>32 heures[75] |

**Tableau 5** : Données fragmentaires sur l'efficacité de l'observation directe sans support technique (région de Makokou)

Rapportées au temps passé dans la nature, les chances de faire la rencontre voulue et que celle-ci dure sont faibles mais ne sont pas aussi dérisoires qu'il n'y paraît. Il faut avoir à l'esprit que, dans les années 1950, le travail de terrain dans les forêts tropicales humides est encore considéré comme « une tâche presque impossible[76] ». Parvenir à poser les yeux sur une troupe de cercopithécidés forestiers, quelle que soit l'espèce prise en compte, est un défi que relèvent à de multiples reprises les primatologues de Makokou. Une fois les singes à portée de vue, chaque instant est mis à profit pour collecter la matière la plus consistante possible. Des pointages réguliers sont faits, toutes les *x* minutes où l'on prend en note, par exemple,

[73] Quris René (1973), « Émissions sonores servant au maintien du groupe social chez cercocebus galeritus agilis », *La Terre et la Vie*, 27, p. 235.
[74] Quris René (1976), *op. cit.*, p. 193-194 et 196.
[75] Gautier-Hion Annie, Gautier Jean-Pierre (1977), *op. cit.*, p. 85.
[76] « A next to impossible task », Gautier-Hion *et al.* (1988), *op. cit.*, p. 1.

l'activité du premier animal visible, sa hauteur par rapport au sol et le type de forêt utilisée[77]. Les activités peuvent être classées par types : locomotion, phytophagie, prédation – recherche et consommation de nourriture, respectivement végétale et animale –, repos et activités sociales actives ou passives. La hauteur dans les arbres est aussi répertoriée de façon à limiter le risque d'erreur, de 5 mètres en 5 mètres voire de façon plus approximative selon le milieu : en un lieu on opère une distinction entre « forêt haute » au sous-bois clair, avec une canopée au-dessus de 15 mètres et une visibilité supérieure à 10 mètres, et « forêt basse » au sous-bois dense avec des valeurs inférieures[78] ; ailleurs, on a 3 catégories que sont la forêt à canopée entre 20 et 30 mètres avec des arbres émergents à 40-50 mètres et une visibilité à plus de 30 mètres, la forêt la plus basse sans structure définie et encombrée jusqu'au sol, la forêt intermédiaire entre 15 et 25 mètres et une visibilité de 10 à 30 mètres[79]. La détermination de l'âge et du sexe des individus a également son importance et se fait du mieux possible à partir d'indices visibles ou audibles et des connaissances déjà acquises sur chaque espèce. Ainsi, le singe de Brazza adulte mâle est plus grand que le reste de la bande, « bien coloré, scrotum bleu, émetteur de cris forts de type "hum" », la femelle adulte est repérable car « bien colorée, porte un enfant, mamelles étirées, clitoris proéminent » et ainsi de suite pour chaque tranche d'âge avec des individus de plus en plus petits et de moins en moins colorés[80]. La tâche est difficile et singulière pour chaque groupe spécifique : seules les canines des mâles, rarement visibles, permettent de différencier à distance un *cercopithecus cephus* sub-adulte mâle d'une sub-adulte femelle[81]. Selon leur intérêt particulier pour les diverses études menées, les éléments pris en considération varient. Noter

[77] Gautier-Hion Annie, Quris René, Gautier Jean-Pierre (1983), « Monospecific vs Polyspecific Life: A Comparative Study of Foraging and Antipredatory Tactics in a Community of *Cercopithecus* Monkeys », *Behav. Ecol. Sociobiol.*, 12, p. 326.
[78] Quris René *et al.* (1981), *op. cit.*, p. 38.
[79] Gautier-Hion Annie, Quris René, Gautier Jean-Pierre (1983), *op. cit.*, p. 326.
[80] Gautier-Hion Annie, Gautier Jean-Pierre (1978), *op. cit.*, p. 85.
[81] Quris René *et al.* (1981), *op. cit.*, p. 39.

la composition des groupes et compter les rencontres en fonction du type d'association – singe seul, troupe monospécifique ou polyspécifique avec telle ou telle espèce – est d'une grande importance dans certains cas[82].

*Singes insaisissables et alternatives techniques*

La densité de la végétation et la petite taille des espèces de cercopithécidés forestiers rendent plus difficile l'observation directe que s'il s'agissait de singes plus grands dans la savane. C'est pourquoi tout ce qui peut aider le primatologue dans son travail, l'aiguiller ou lui faire gagner du temps est valorisé. Lorsque l'on connaît la localisation d'un dortoir de talapoins sur des branches au-dessus de l'eau, cela donne un point de départ pour l'itinéraire du lendemain qui permet d'économiser la phase de repérage. Cela dit, il est tout aussi facile de perdre leur trace après leur réveil[83]. Des événements relativement rares sont comptabilisés comme les 3 attaques réussies d'aigles couronnés contre une même troupe de *cercopithecus cephus* observées près de la station entre juillet et octobre 1977[84]. On peut aussi déduire l'existence d'éléments invisibles ou tenter des approximations à partir de ce qui est visible. À propos des singes de Brazza, on n'observe parfois qu'un seul mâle et il est difficile, sans une longue attente immobile, de savoir avec certitude s'il s'agit d'un individu solitaire ou si le reste du groupe est caché[85]. Quris parle de sa démarche lorsqu'il trouve une troupe de cette espèce : « Il est difficile [...] d'être certain d'avoir vu la totalité des membres du groupe, aussi a-t-on pris comme estimation de l'effectif d'une bande la valeur maximale observée pendant la période d'étude. De cette manière, sur 8 bandes, on obtient une valeur moyenne de 3,75 individus avec des valeurs extrêmes de 2 et de 6[86] ». Par ailleurs, des faits et

---

[82] Gautier Jean-Pierre, Gautier-Hion Annie (1969), *op. cit.*, p. 170-179.
[83] Gautier-Hion Annie, Gautier Jean-Pierre (1971), *op. cit.*, p. 68-69.
Gautier Jean-Pierre, Gautier-Hion Annie (1969), *op. cit.*, p. 169.
[84] Gautier-Hion Annie, Quris René, Gautier Jean-Pierre (1983), *op. cit.*, p. 331 et 326.
[85] Gautier-Hion Annie, Gautier Jean-Pierre (1978), *op. cit.*, p. 87.
[86] Quris René (1976), *op. cit.*, p. 200.

anecdotes rapportés aux chercheurs par d'autres personnes ainsi que la découverte de spécimens morts sont des informations utiles pour déterminer la présence d'une espèce comme le cercocèbe agile dans la région de Mékambo et sur la Djouah[87] ou attester d'une pratique à l'état sauvage telle que celle des longues nages des singes de Brazza pour traverser l'Ivindo[88]. Enfin, il faut signaler les indices laissés par les animaux, ce qui peut prendre par exemple la forme de restes laissés par les aigles couronnés et qui complètent les données sur la pression de la prédation sur les *cercopithecus cephus*[89]. Tout cela doit être nuancé dans la mesure où tout ce qui est visible n'est pas considéré comme « bon à prendre » pour autant. La décision, lors de l'observation des relations internes à un groupe en 1977, de ne pas prendre en compte les interactions agressives illustre bien cette idée. En effet, celles-ci étant bruyantes, les observateurs ont conscience ici de leur tendance à focaliser l'attention sur elles au détriment des autres interactions, ce qui constitue un biais[90].

Cette rigueur et cette persévérance font clairement écho à l'héritage laissé par Carpenter mais aussi à l'éthologie de Lorenz et Tinbergen. Tous trois revendiquent un lien entre leurs méthodes et celles de l'ancienne tradition naturaliste[91] et le simple fait de voir les primatologues de Makokou consacrer tant de temps et d'énergie au terrain, malgré des conditions précaires d'exercice, prouve qu'ils croient eux aussi en sa validité. Leurs méthodes ne sont pas identiques à celles de Carpenter car celles-ci s'adaptent aux conditions géographiques et aux espèces étudiées et parce que nous ne nous trouvons plus exactement à la même époque, mais nous nous situons bien dans la continuité d'une pratique animée par un certain état d'esprit naturaliste. Outre les qualités humaines déjà énoncées plus haut, celui-ci, modernisé, se caractérise par l'ingéniosité nécessaire pour contourner les obstacles entravant

---

[87] Gautier Jean-Pierre, Gautier-Hion Annie (1969), *op. cit.*, p. 166.
[88] Gautier-Hion Annie, Gautier Jean-Pierre (1971), *op. cit.*, p. 70-71.
[89] Gautier-Hion Annie, Quris René, Gautier Jean-Pierre (1983), *op. cit.*, p. 331.
[90] Quris René *et al.* (1981), *op. cit.*, p. 38.
[91] Montgomery Georgina M. (2005), *op. cit.*, p. 521.

l'observation. Pour connaître et comprendre ce qui ne peut pas être vu, des chercheurs de Makokou ont en commun avec Carpenter de s'appuyer sur un autre sens, l'ouïe, en s'intéressant aux émissions sonores des singes. En réalité nous ne savons pas si l'orientation des recherches vers les vocalisations est due à l'impossibilité de voir ou s'il s'agit d'un questionnement indépendant, mais le résultat est le même, à savoir la compensation d'une lacune par la collecte de données non visuelles. Par ailleurs, si le champ de vision des humains est obstrué par tant de végétation, il est logique de penser qu'il en est de même pour celui des singes qui doivent alors élaborer un répertoire vocal complexe, lequel a de quoi intriguer les primatologues.

> On peut admettre que l'importance des signaux sonores n'est pas la même chez les espèces forestières que chez les espèces de savane. Dans le milieu forestier, en effet, où la visibilité décroît considérablement au-delà de quelques mètres, les signaux sonores revêtent une grande importance pour maintenir le contact social ou pour communiquer l'existence et même la nature d'un danger. Du fait de l'impossibilité d'un renfort de signaux visuels, les signaux sonores devront pouvoir transmettre une information suffisamment précise[92] [...].

Un certain nombre de sons sont reconnaissables à l'oreille, mais l'utilisation de la technologie permet d'aller plus loin dans la démarche. Dans le cadre de l'APE, Carpenter emporte dans la forêt thaïlandaise le matériel nécessaire à la technique du *« playback »*, régulièrement pratiquée par les ornithologues dans les années 1930. La nouveauté par rapport à ses prédécesseurs est le volume moindre de cet équipement. Cela consiste à enregistrer de nombreux appels des gibbons et à diffuser en retour les enregistrements en direction des singes pour vérifier leurs significations et fonctions supposées[93]. Près de 40 ans plus tard, pour ne prendre qu'un seul exemple, les échanges et autres cris de *cercocebus galeritus* sont enregistrés dans la forêt gabonaise. Il n'est plus question de *playback* mais d'autres outils expérimentaux sur lesquels nous reviendrons.

[92] Quris René (1973), *op. cit.*, p. 263-264.
[93] Montgomery Georgina M. (2005), *op. cit.*, p. 517-518.

Les enregistrements sont passés au sonographe pour réaliser des spectres sonores en *« narrow band »*, c'est-à-dire « en utilisant une bande étroite d'analyse », et « avec le maximum de contraste, pour dégager au mieux les structures ». Chaque cri ou variante peut ensuite être décrit et commenté suivant plusieurs aspects tels que la description structurale de l'émission, les situations dans lesquelles elle apparaît et son interprétation fonctionnelle. Les deux derniers ne peuvent pas se contenter uniquement du son et doivent être complétés par des observations bien que quelques hypothèses puissent être faites partiellement à l'aveugle, notamment en fonction du moment de la journée ou encore de la fréquence du cri. La structure se décline quant à elle en plusieurs paramètres : la structure temporelle de l'émission, soit le nombre d'unités sonores et la période qui se mesure jusqu'en millième de seconde ; la structure physique d'une unité sonore, soit sa durée, sa hauteur en hertz et la distribution de l'énergie à l'intérieur de la bande de fréquence ; l'intensité, c'est-à-dire la distance à laquelle le cri est audible[94].

Deux autres outils méthodologiques complémentaires sont utiles pour faciliter la collecte des données visibles mais également, par la technologie, de « voir » l'invisible. Avec l'essor des recherches en écologie sur le plateau d'Ipassa, la forêt est quadrillée par un système de coordonnées de repérage. Concrètement, au sol, un réseau de petits sentiers appelés « layons » est créé et étendu en fonction des besoins[95]. En 1977, ces « quadrats écologiques » servent de support au suivi d'une troupe de *cercopithecus cephus* déjà évoquée. Le potentiel du dispositif est maximisé par la technique du *« radio-tracking »*. Durant les semaines précédant le début de l'étude, deux femelles adultes sont capturées et marquées par radio-émetteur. Cela permet de suivre à distance les déplacements de la bande pendant 352 heures et de réaliser 341 pointages simultanés des deux animaux équipés afin de noter l'évolution des distances interindividuelles au cours du temps. De plus, en sachant à tout moment où se trouve le groupe, il s'avère bien plus aisé de le

[94] Quris René (1973), *op. cit.*
[95] IRET/ECOTROP (CNRS) (1987), *op. cit.*, p. 10-12.

trouver pour observer ses activités, en l'occurrence pendant 370 heures sur une étude qui dure de juin à novembre[96]. Afin de mieux mesurer le gain d'efficacité du procédé, nous pouvons reprendre les données citées plus haut (tableau 5), dans la dernière ligne qui fait référence au temps de recherche et d'observation de plusieurs groupes de singes de Brazza. Sans technologie, il est question de 700 heures de recherche pour seulement 62 heures d'observation effective. Durant cette même étude, pour faire face à « l'extrême difficulté de maintenir le contact avec ces singes farouches et discrets, nous avons utilisé les techniques du *radio-tracking* ». Le mâle d'une bande est capturé avec l'aide d'une carabine Cap-Chur et équipé d'un émetteur d'une portée de 300 mètres. Un pointage par triangulation est effectué toutes les heures. Suite à cela, la bande en question est observée directement durant 320 heures, ce qui démontre la facilité du repérage permise ainsi[97].

### 2. Traiter les données : prolonger la quête d'une scientificité ?

#### *La voie des mathématiques*

À l'ingéniosité déployée à Makokou, liée au naturalisme et doublée d'un réel souci de précision, il faut ajouter un traitement des données qui, dans une certaine mesure, est aussi d'inspiration « carpentérienne ». Nous en avons déjà eu un aperçu, notamment dans la propension à rendre mesurables les comportements simiens et à quantifier au maximum toutes les informations. C'est en fait à plusieurs de celles et ceux qui suivent les pas de Carpenter et le dépassent, notamment à Altmann, que nous devons un usage beaucoup plus étendu, poussé et réfléchi de la quantification en primatologie de terrain[98]. Bénéficiant d'un milieu ouvert, la savane kenyane, et

---

96 Quris René *et al.* (1981), *op. cit.*, p. 37-38.
Pour un exemple de plus grande ampleur (1 872 pointages en plus de 900 heures), voir Gautier-Hion Annie, Quris René, Gautier Jean-Pierre (1983), *op. cit.*, p. 326.
97 Gautier-Hion Annie, Gautier Jean-Pierre (1978), *op. cit.*, p. 85.
98 Montgomery Georgina M. (2005), *op. cit.*, p. 509.

de probablement meilleures compétences en mathématiques – elle est mathématicienne de formation et fait équipe avec des mathématiciens –, Jeanne Altmann, avec son mari Stuart, l'une de ses anciennes élèves Susan Alberts et d'autres, réalise à partir des années 1960, mais surtout 1970 dans le cadre du *Amboseli Baboon Project*, une compilation de données en grand nombre et une synthèse de mathématiques appliquées et de primatologie d'une ampleur que ne peut pas atteindre l'équipe de Makokou[99]. Pour autant, on retrouve dans le travail des primatologues de la station gabonaise une orientation vers les mathématiques qui s'illustre par des calculs, explicités ou non, et en tout cas par l'omniprésence des nombres dans les publications. Nous ne pouvons pas rendre compte de tout ici mais nous avons sélectionné quelques exemples en fonction des types d'opérations et de l'usage qui en est fait. La plupart du temps, il s'agit de calculs peu compliqués :

- moyennes : durée moyenne de telle unité sonore d'une vocalisation[100], temps journalier moyen passé à faire telle activité[101], distance moyenne entre dortoirs et rivières[102], distances interindividuelles[103]...
- pourcentages et autres proportions : répartition des activités d'un groupe au cours d'une journée [104], composition du régime alimentaire[105], abondance relative d'une espèce par rapport au nombre de rencontres, classement des types de rencontres, tendance spécifique à

[99] Parmi les usages des mathématiques à Amboseli, on peut citer : la mesure et la réduction de biais, la prédiction de comportements, la quantification de la forme physique des singes et surtout le *Babase database*, base de données qui compile des données en grand nombre sur quantités d'aspect de la vie de plusieurs centaines de babouins suivis de façon continue de 1971 à aujourd'hui.
Montgomery Georgina M. (2015), *op. cit.*, p. 108-115
[100] Quris René (1973), *op. cit.*
[101] Quris René *et al.* (1981), *op. cit.*, p. 40-44.
[102] Gautier-Hion Annie, Gautier Jean-Pierre (1978), *op. cit.*, p. 87-88.
[103] Quris René *et al.* (1981), *op. cit.*, p. 45-47.
[104] *Ibid.*, p. 40-44.
[105] Gautier-Hion Annie, Gautier Jean-Pierre (1978), *op. cit.*, p. 94-95.

l'association[106], occupation et utilisation de tel type de forêt[107]...

- densités et masses volumiques : densité de population, biomasse par hectare[108]...

Tout commence très simplement, d'un point de vue mathématique, par des comptages et mesures répétés. L'enjeu réside en fait surtout dans le choix des catégories à l'intérieur desquelles ranger ce qui est compté et dans l'accessibilité en quantité suffisante des événements à compter. Les résultats sont ensuite analysés en croisant différents paramètres ou en prêtant attention aux corrélations pour dégager des informations comme par exemple la saisonnalité des naissances, le lien entre les singes et leur milieu ou encore le lien entre la distance interindividuelle et les activités journalières. En somme, tout ce qui est quantifiable peut, en tant que donnée brute ou après son traitement par répétition, recoupage, calcul ou autre manipulation, donner lieu à un commentaire. Les aspects de la réalité de la vie des singes étudiés sont potentiellement innombrables et effectivement très divers pour la situation qui nous occupe.

Certains calculs sont plus complexes comme celui de l'« indice d'affinité » entre deux espèces et de la « valeur significative minimale ». Les formules correspondantes sont expliquées et appliquées ainsi par Gautier et Gautier-Hion en 1969 :

> d) *l'affinité entre les différentes espèces.* Partant des données d'observation, on peut, selon la formule de Southwood (1960) dérivée du travail de Fager (1957), définir, pour chaque couple d'espèces, un indice d'affinité variant de 0 (pour une affinité nulle) à 1 (pour une affinité maximale).

[106] Gautier Jean-Pierre, Gautier-Hion Annie (1969), *op. cit.*, p. 169.
[107] Gautier-Hion Annie, Gautier Jean-Pierre (1978), *op. cit.*, p. 87-88.
[108] *Ibid.*, p. 87.

$$I_{AB} = \frac{2J}{n_A + n_B}$$

Où J = nombre de rencontres des espèces A et B associées

$n_A$ = nombre de rencontres de l'espèce A

$n_B$ = nombre de rencontres de l'espèce B.

Cet indice nous donne une mesure de la fréquence avec laquelle deux espèces sont rencontrées ensemble. La méthode de Fager (1957) nous permet de connaître les valeurs minimales de J qui sont significatives au seuil de probabilité 5 %, selon une table donnée par l'auteur pour des valeurs de $n_B/n_A < 2$. Pour les autres valeurs, on utilise la formule suivante :

$$t = \left[ \frac{(n_A + n_B)(2J - 1)}{2\, n_A n_B} - 1 \right] \left[ \sqrt{n_A + n_B - 1} \right]$$

où la valeur significative minimale de t est de 1,645 ($p = 0{,}05$).

[...]

En testant les espèces deux par deux, on obtient pour chaque couple d'espèces, selon la formule de Southwood, un indice d'affinité [...]. Pour les six couples ainsi testés, on a une échelle de valeur de la fréquence avec laquelle deux espèces sont rencontrées ensemble. Le test de signification de Fager [...] permet de dire que seule l'affinité entre *C. nictitans* et *C. cephus* est significative, c'est-à-dire que, bien que toutes les espèces manifestent une tendance à l'association, seuls le Pain à cacheter et le Moustac font preuve d'une discrimination spécifique réellement significative pour la formation de leurs associations.

[...] L'affinité *C. nictitans* + *C. mona* a une valeur proche de la signification, ce qui n'est pas le cas du couple *C. cephus* + *C. mona*. Il apparaît donc que, dans l'association trispécifique fréquente *C. nictitans* + *C. cephus* + *C. mona*, ces deux dernières espèces s'associent autour du *C. nictitans*, sans montrer d'affinité particulière entre elles[109].

[109] Gautier Jean-Pierre, Gautier-Hion Annie (1969), *op. cit.*, p. 169 et 171-172.

En 1976, Quris calcule aussi des indices d'affinité d'après la même formule, à la différence qu'il multiplie le résultat par 100. Son indice varie donc de 0 à 100 au lieu de 0 à 1[110]. En revanche, Southwood et Fager ne figurent pas, par exemple, dans l'une des publications majeures de Altmann, publiée en 1974 dans *Behaviour*, « Observational Study of Behavior: Sampling Methods[111] ». En réalité nous savons peu de choses quant à la possibilité que les chercheurs de Makokou et d'Amboseli, qui sont contemporains les uns des autres, se soient lus mutuellement[112] mais nous considérons quoi qu'il en soit que tous partagent une même culture « mathématisante ». À Makokou, les mathématiques ont une fonction de validation, elles sont le signe d'une volonté d'être scientifiquement crédibles en dépit du caractère épars de certaines données. Comme au Kenya, et sans doute ailleurs, on cherche à produire des connaissances fiables, à présenter des valeurs comparables les unes avec les autres et qui se rapprochent le plus possible de la réalité. L'intégration des mathématiques à la recherche sur les primates par les Altmann doit être pensée dans le contexte du *« statistical frame of mind »* qui caractérise une bonne partie de la recherche en biologie et en écologie pendant la seconde moitié du XXe siècle[113]. De ce point de vue, il est normal que les chercheurs français et américains suivent, séparément ou non, le même mouvement général des sciences de la vie de leur époque. L'adjectif « carpentérienne » employé plus haut n'est qu'un raccourci langagier pour désigner la primatologie moderne dans son ensemble et pas seulement ce qui se revendique de Carpenter, lequel incarne l'entrée de sa discipline

Fait référence à Southwood T.-R.-E. (1966), *Ecological methods*, Methuen & Co Ltd London.
Et à Fager E.-W. (1957), « Determination and analysis of recurrent groups », *Ecology*, 38, p. 586-595.
[110] Quris René (1976), *op. cit.*, p. 205.
[111] Altmann Jeanne (1974), « Observational Study of Behavior: Sampling Methods », *Behaviour*, vol. 49, n° 3/4, p. 227-267.
[112] Les Altmann sont tous les deux cités à plusieurs reprises par des collaborateurs des primatologues paimpontais dans Gautier-Hion *et al.* (1988), *op. cit.*, p. 507 et 547.
[113] Montgomery Georgina M. (2015), *op. cit.*, p. 113.

dans une nouvelle époque historique mais n'est pas un inventeur révolutionnaire ni ne se perçoit comme tel[114].

### *Écrire et illustrer, quelques mots sur le style*

Les 14 premiers mois des Altmann dans la *Masai-Amboseli Game Reserve* – ancien nom de l'*Amboseli National Park* – les mènent à la publication de *Baboon Ecology* en 1970. Ce livre présente dans son style une particularité, inédite selon Montgomery : « *Unlike earlier texts, Baboon Ecology does not include photos of the Western researchers in the field. Instead, it is heavily illustrated with maps, tables, graphs, and photos and pencil sketches of baboons*[115] ». Or, justement, les illustrations sont également nombreuses dans les publications résultant de travaux de terrain de la station de Makokou, bien que les photographies et dessins soient relativement rares, produisant un effet visuel de fort contraste avec les publications en sciences humaines et sociales auxquelles nous sommes habitués. À titre d'exemple, pour illustrer notre propre propos, nous avons mesuré l'importance et la place prise respectivement par le texte et les divers autres modes de

---

[114] « Methods of work in making this field study on gibbons were refinements and improvements of the time-honored methods used by naturalist-scientists for centuries ».
Traduction personnelle : « Les méthodes de travail pour réaliser cette étude de terrain sur les gibbons ont été des perfectionnements et des améliorations des méthodes ancestrales utilisées depuis des siècles par les naturalistes scientifiques ».
Carpenter Clarence Ray (1940), « A field study in Siam of the Behavioral and Social Relations of the Gibbon (hylobates lar) », *Comparative Psychology Monographs*, 16(5), p. 33.
Cité par Montgomery Georgina M. (2005), *op. cit.*, p. 521.
Nous pouvons mentionner notamment sa dette vis-à-vis de l'ornithologie.
*Ibid.*, p. 511-515.
[115] Altmann Stuart A., Altmann Jeanne (1970), *Baboon Ecology: African Field Research*, Chicago, University of Chicago Press.
Montgomery Georgina M. (2015), *op. cit.*, p. 109.
Traduction personnelle : « À la différence de textes antérieurs, *Baboon Ecology* ne présente pas de photos de chercheurs occidentaux sur le terrain. Au lieu de cela, l'ouvrage est solidement illustré de cartes, tableaux, graphiques, photos et croquis au crayon de babouins ».

présentation dans un échantillon de 6 articles publiés entre 1969 et 1981 inclus.

| | Nombre total | Nombre par article |
|---|---|---|
| Pages (hors résumés et bibliographies) | 128 | 21,33 |
| **Pages où le texte prédomine*** | **82** | **13,66** |
| **Pages où l'illustration prédomine*** | **37** | **6,16** |
| **Nombre d'illustrations** | **120** | **20** |
| Dont : | | |
| - photographies de singes | 7 | 1,66 |
| - croquis (dessins) | 2 | 0,33 |
| - cartes | 4 | 0,66 |
| - spectres sonores | 12 | 2 |
| - formules mathématiques explicites | 4 | 0,66 |
| - tableaux | 42 | 7 |
| - diagrammes | 18 | 3 |
| - représentations schématiques | 4 | 0,66 |
| - courbes, etc. | 27 | 4,5 |

**Tableau 6** : Partage entre texte et illustrations à partir de six publications de chercheurs de Makokou[116]

* Nous comptabilisons exclusivement les pages où l'une ou l'autre des catégories domine, excluant les pages équilibrées et les pages de texte incomplètes, ce qui explique la différence avec le total.

Ces chiffres nous donnent un ordre d'idée qui se vérifie dans d'autres articles et chapitres d'ouvrages pris au hasard qui

[116] Gautier Jean Pierre, Gautier-Hion Annie (1969), *op. cit.*
Gautier-Hion Annie, Gautier Jean-Pierre (1971) et (1977), *op. cit.*
Quris René (1973) et (1976), *op. cit.*
Quris René *et al.* (1981), *op. cit.*
Toutefois, 2 articles sur les 6 montrent aussi des données recueillies sur des singes en captivité : celui de 1971 sur la nage et celui de 1973 sur les émissions sonores

impliquent les mêmes chercheurs[117]. La répartition exacte importe peu mais notre impression est confirmée, c'est-à-dire que les images et autres éléments non rédactionnels occupent une telle place dans ces documents qu'on peut considérer qu'ils font partie de leur identité visuelle. Cela n'est pas original et, toujours en sondant au hasard, on s'aperçoit que les écrits de primatologues et autres biologistes évoluant ailleurs à peu près à la même période comportent des caractéristiques similaires[118]. La question qui se pose pour nous ici est de savoir ce que cela signifie en termes de recherche et de garantie de scientificité. S'agit-il d'un simple trait culturel ? Est-ce le gage du sérieux des travaux exposés ? L'illustration porte-t-elle un véritable gain pour la recherche ?

Agrémenter le texte de la sorte est utile à plusieurs égards. En premier lieu, cela permet de synthétiser brièvement de grandes quantités de données et de rendre l'information directement accessible. En 1969, des centaines de rencontres avec des groupes de cercopithécidés sont ainsi analysées et comparées selon différents paramètres dans une petite vingtaine de tableaux[119]. Certaines figures comme les courbes et les diagrammes rendent compte clairement d'évolutions et de différences. Dans l'article « L'organisation spatio-temporelle des activités individuelles et sociales dans une troupe de *cercopithecus cephus* » de 1981, 14 diagrammes décomposent ladite organisation, notamment en fonction des types d'activités, de l'heure dans la journée et de la hauteur dans les arbres[120]. Les cartes donnent à d'autres éléments une dimension spatiale éloquente. Cela concerne par exemple la répartition de plusieurs espèces dans des localités du bassin de l'Ivindo[121] et la

[117] Sans faire de décompte précis, toutes les publications scientifiques émanant de Makokou et de Paimpont citées en fin d'ouvrage sont illustrées de façon importante.

[118] Voir les chapitres écrits par des non-Paimpontais dans Gautier-Hion *et al.* (1988), *op. cit.*

Voir encore les articles de Sabater Pi compilés dans Veà Joaquim J., Fullola Josep M., Serrat David, Turbon Daniel (éds.) (1997), *op. cit.*

[119] Gautier Jean-Pierre, Gautier-Hion Annie (1969), *op. cit.*

[120] Quris René *et al.* (1981), *op. cit.*, p. 41-42.

[121] Gautier Jean-Pierre, Gautier-Hion Annie (1969), *op. cit.*, p. 167.

délimitation des domaines vitaux de plusieurs bandes sur un même territoire[122]. Il y a des images qui, même si elles sont toujours commentées, ne pourraient tout simplement pas être remplacées convenablement par du texte et rendent « visibles » ce que le lecteur ne peut pas voir mais peut être vu dans la forêt de Makokou, les photographies, mais également ce qu'on ne peut pas voir mais entendre, les spectres sonores[123]. Par ailleurs, des représentations graphiques rendent possible la visualisation de singes en mouvement. C'est le cas d'un croquis de 1971 décomposant les mouvements de la nage chez les *cercopithecus neglectus* qui est tiré d'un film de 16 minutes qui ne peut pas être résumé plus simplement que de cette façon [124]. Des mouvements que les observateurs n'ont pas vus de leurs yeux peuvent être « vus » aussi grâce à la mise en image des itinéraires d'une bande réalisée sur la base des pointages par radio-tracking[125]. Enfin, les illustrations permettent de dévoiler des phénomènes qui sont parfois observés en direct par les primatologues mais ne peuvent véritablement être vus comme tels, ou en tout cas confirmés, que lors de l'analyse des données une fois assemblées. Cela concerne par exemple les dynamiques de groupe.

À d'autres occasions, il est cependant permis de s'interroger sur l'utilité autre que stylistique du choix d'illustrer. Dans le cas des mathématiques, on a parfois affaire à des tournures de phrases « mathématisées », avec des chiffres, des lettres et des symboles, sans que cela soit nécessaire au raisonnement. En effet, toutes les personnes susceptibles de lire ce genre d'article savent *a priori* calculer un pourcentage ou une proportion et pourtant il nous est arrivé de lire un passage du type :

$R_p$ = nombre de rencontres polyspécifiques.

$R_m$ = nombre de rencontres monospécifiques.

---

[122] Quris René (1976), *op. cit.*, p. 199.
[123] Quris René (1973), *op. cit.*
[124] Gautier-Hion Annie, Gautier Jean-Pierre (1971), *op. cit.*, p. 72.
[125] Gautier-Hion Annie, Gautier Jean-Pierre (1977), *op. cit.*, p. 92.

$$T_a = \frac{R_p}{R_p + R_m} = \text{tendance à l'association.}$$

Cette formule vise à expliquer comment mesurer la tendance qu'a une espèce à s'associer à une autre sur une échelle de 0 à 1[126], ce qui dans le détail n'est pas autre chose qu'un calcul de proportion. Les calculs de ce type utilisés dans le reste de notre corpus sont d'ailleurs généralement implicites. La présentation sous forme de formule mathématique n'est donc pas toujours synonyme d'une pensée plus ardue. Nous pouvons y voir une marque de style ou de culture scientifique qui conduit les auteurs à s'exprimer de cette façon. Il est vrai qu'il y a indiscutablement une volonté de se plier aux codes de la communauté scientifique pour marquer une appartenance à celle-ci. On retrouve souvent un agencement des articles qui respecte, au moins en partie, le modèle résumé-introduction-méthodes-résultats-discussion-bibliographie et les spécialistes qui font référence dans un domaine particulier sont régulièrement cités suivant les thèmes traités. Cela dit, le style ne peut pas être réduit à une question d'apparence. En effet, vouloir « faire sérieux » n'entre pas ici en contradiction avec le fait de l'être. Mentionner les travaux d'autres chercheurs est certes un signe de reconnaissance entre pairs, mais c'est tout autant la preuve du souci rigoureux de citer ses sources. Il en est de même pour l'explicitation des méthodes de travail et démarches d'analyses. Cela est d'autant plus flagrant dans le style littéraire, avec l'emploi d'expressions de nuance et de prudence telles que « nos données sont insuffisantes pour l'affirmer[127] », « nous n'avons pas observé personnellement[128] » ou encore « ce biais traduit la difficulté d'identification dont il sera tenu compte[129] » qui trahissent les précautions prises par les primatologues dont les limites que le terrain impose à leur travail ne semblent jamais être occultées.

[126] Gautier Jean-Pierre, Gautier-Hion Annie (1969), *op. cit.*, p. 171.
[127] *Ibid.*, p. 183.
[128] Gautier-Hion Annie, Gautier Jean-Pierre (1971), *op. cit.*, p. 70.
[129] Quris René *et al.* (1981), *op. cit.*, p. 39.

### C. De l'utilité du laboratoire : un compromis nécessaire ?

Le recours au laboratoire à Makokou et à Paimpont est en partie une réponse à une nécessité d'adaptation nourrie par les manques d'une recherche de terrain entravée par de trop grands obstacles. Les choix méthodologiques des chercheurs y sont donc dictés par le pragmatisme face aux contraintes extérieures. Ceci dit, ce n'est qu'un aspect de ces choix, un autre étant leur portée épistémologique qui les relie à l'histoire de la primatologie, indissociable de celle de la recherche de la méthode la plus susceptible de la faire progresser. Tout au long de l'évolution de la discipline au XXe siècle, deux exigences vont de pair : celle de faire de la primatologie une véritable science et celle de capter les véritables et authentiques comportements des singes. En somme, on cherche à cumuler l'idéal de contrôle, de répétition et d'objectivité du laboratoire et celui du terrain, lequel étant considéré un temps comme le seul lieu de confrontation avec le « naturel », ce qui en soi est une question plus complexe qu'on peut le croire[130]. Dès le début du siècle, les sciences du comportement animal dans leur ensemble, de la psychologie à l'éthologie, sont traversées par cette problématique. Il est possible, comme Lorenz, d'y voir une opposition irréconciliable entre deux cadres de recherche effectivement fondamentalement différents ou bien de nous intéresser aussi à la possibilité et à la réalité d'une complémentarité voire d'hybridations des pratiques dans la *« lab-field border zone »* où se situe par exemple la station expérimentale[131]. En effet, nous constatons que dans la quête du meilleur moyen d'ouvrir un passage à travers la frontière entre le monde humain et le monde « sauvage », ce qu'elle fait littéralement au Gabon et symboliquement dans nos deux cas, la

130 Voir notamment Montgomery Georgina M. (2015), *op. cit.*, p. 27-29, 52-53 et 71-74.

131 Thomas Marion (2010), *op. cit.*, p. 293-301.
L'expression, citée par Thomas en page 301, est extraite de Robert Kohler (2002), *Landscapes and Labscapes, Exploring the Lab-Field Border in Biology*, Chicago-Londres, The university of Chicago Press, p. 19.

station permet l'ouverture d'un passage qui relie le terrain au laboratoire.

## 1. Cages, microscopes et autres médiateurs entre science et nature

### *L'apport des singes en captivité*

Lorsque nous parlons du « laboratoire » en primatologie, nous nous référerons à deux acceptions du terme. L'une, qui est l'objet de cette section, désigne le fait d'utiliser des singes captifs. Il s'agit alors d'observer les singes de façon générale, des caractères physiques ou des comportements précis dans leur vie quotidienne « normale » ou dans le cadre d'une expérience pensée pour tester des hypothèses ou mesurer les réponses à un *stimulus*. L'étude de singes en captivité est utile avant tout parce qu'elle garantit ce que le travail de terrain ne peut garantir : un accès théoriquement illimité aux données. En 1975, Gautier-Hion publie un article sur les liens entre le dimorphisme sexuel et l'organisation sociale de 7 espèces de *miopithecus*, *cercopithecus* et *cercocebus*. Pour la partie sur le dimorphisme sexuel, elle compare des mâles et des femelles adultes de chaque espèce suivant 4 critères : « le poids, la longueur du dos (mesurée de la base du crâne à la base de la queue), la longueur des canines supérieures (mesurées sur la grande courbure externe) et la superficie du sac vocal ». Les pesées et les mesures des sacs vocaux sont faites sur des singes capturés dans la forêt, pour un temps limité, semble-t-il. Les mesures du dos et des canines sont prises sur des individus dans leur milieu naturel et d'autres issus de l'élevage. Qu'elle soit de courte ou de longue durée, la captivité est indispensable pour obtenir ces données. De même, une identification exempte d'erreur des singes en tant qu'adultes n'est possible qu'en prenant le temps de regarder de près chaque animal afin de vérifier « le grand développement des canines définitives, la présence des troisièmes molaires [...], le développement normal de la peau sexuelle, l'état de gestation ou d'allaitement pour les femelles (présence du colostrum ou étirement des mamelons[132]) ». La capture et la captivité ne sont cependant pas suffisantes ici puisque la primatologue cherche à comprendre d'éventuelles corrélations entre le dimorphisme sexuel et le mode de vie. Pour ce faire, elle a besoin de connaître le type de forêt occupée par les espèces étudiées, si elles sont arboricoles ou partiellement terrestres, la composition et le schéma d'organisation sociale des groupes[133]. La fonction de la capture dans ce cas est donc de compléter et de préciser le travail de terrain qui est le lieu premier et nécessaire de la recherche. Un autre partage des tâches entre terrain et laboratoire se retrouve dans les études sur les vocalisations. Les individus captifs y constituent de nouveau une source importante. Par exemple, l'enquête de Quris sur les *cercocebus galeritus* parue en 1973 repose sur plusieurs mois de terrain en 1972 qui sont précédés par des observations faites en 1971 sur deux singes vivant au sein de la station biologique de Paimpont. Là, outre les cris enregistrés lors des activités normales des animaux, des enregistrements sont faits lorsque les individus sont stimulés de manières diverses : « présentation d'un leurre d'oiseau de proie, isolement, modification de l'environnement ». D'autres données, au sujet de l'ontogenèse des cris provenant des mêmes deux singes de Paimpont, sont le fruit d'enregistrements et d'expériences menées par Gautier en 1967-1968. Il revient au laboratoire de compléter et de préciser des aspects de la communication vocale des singes dont la compréhension peut manquer de précision sur le terrain quant aux causes provoquant les émissions et aux fonctions de celles-ci[134]. Le fait que le travail en laboratoire intervienne avant le séjour sur place est sujet à interprétation. Nous ignorons presque tout de la biographie de Quris, notamment son âge et son parcours avant 1972, mais nous pouvons imaginer que, en plus de l'enjeu quantitatif, le maintien de primates en captivité joue un rôle dans la préparation au départ du scientifique, peut-être de sensibilisation et de formation méthodologique et

[132] Gautier-Hion Annie (1975), « Dimorphisme sexuel et organisation sociale chez les Cercopithécinés forestiers africains », *Mammalia*, t. 39, n° 3, p. 366-367.
[133] *Ibid.*, p. 370-372.
[134] Quris René (1973), *op. cit.*, p. 325 puis l'article entier.

technique, qui ne peut qu'être bénéfique pour la qualité des travaux de terrain.

Certains comportements sont difficiles à appréhender dans la nature et nécessitent le support d'un environnement contrôlé. L'aptitude à la nage est attestée chez les talapoins et les singes de Brazza dans la nature mais les observations sont trop rares. Il est fréquent de voir des talapoins plonger pour s'enfuir lorsqu'ils se sentent menacés et, à environ 100 km de Makokou, une bande est connue pour regagner son dortoir chaque soir à la nage mais de façon générale la nage en tant que telle n'est quasiment jamais observée. En ce qui concerne le singe de Brazza, des piroguiers ont l'occasion à trois reprises de capturer des individus traversant l'Ivindo en nageant, mais aucune observation directe n'est faite par les chercheurs de la station. La nage des cercopithèques ne méritera une publication, en 1971, que grâce aux compléments d'information recueillis dans les enclos gabonais et français ainsi qu'au domicile des Gautier-Hion-Gautier. C'est ainsi que nous savons que les talapoins plongent et nagent également lorsqu'ils jouent à se poursuivre et même pour le plaisir du contact de l'eau, que les singes de Brazza utilisent l'eau comme un moyen de fuite et affichent un goût pour la nage et les jeux aquatiques comparable à celui des talapoins. Le singe de Brazza est aussi le seul primate du nord-est du Gabon à propos duquel on remarque la chose suivante : « [il présente] quand il sort de l'eau un poil aussi gonflé et luisant qu'avant la plongée. L'eau ruisselle sur sa fourrure comme sur les plumes hydrofuges d'un canard ; quelques minutes suffisent pour que l'animal paraisse complètement sec[135] ». Nul ne sait combien de temps les élevages de Makokou et Paimpont ont permis de gagner pour acquérir ces connaissances mais il y a bien là un gain scientifique incontestable. Le marquage olfactif, toujours chez les singes de Brazza, pose un défi plus important encore. En effet, ce marquage, qui joue un rôle dans les relations sociales de l'espèce et se manifeste par le frottement du museau, du menton et de la poitrine sur un support ne semble avoir été observé

---

[135] Gautier-Hion Annie, Gautier Jean-Pierre (1978), *op. cit.* Citation p. 73.

qu'en captivité [136]. Dans le but de mieux cerner ce comportement, Loireau et Gautier-Hion entreprennent de se pencher sur la question en observant deux groupes de singes à Paimpont. Dans des conditions de « routine », l'observation donne peu de résultats puisqu'on ne comptabilise que 38 séquences de marquage sur 540 heures d'observation. Il faut donc l'intervention des chercheurs, c'est-à-dire créer une situation expérimentale, pour obtenir un plus grand nombre d'occurrences du comportement. Le premier type d'expériences mises en place correspond à des stimulations « non sociales » qui consistent en des modifications de l'environnent habituel des cercopithèques : réintroduction d'un groupe dans la cage qui lui est familière, introduction d'une nouvelle branche dans la cage et introduction d'un groupe dans une nouvelle cage. Le second type d'expériences, dites « sociales », implique des confrontations directes ou indirectes entre deux groupes : rencontres intergroupes ou introduction dans la cage d'un groupe d'une branche marquée par l'autre groupe. Les expériences accentuent les comportements de marquages et leur nombre est jugé suffisant pour être exploité. Pour l'analyse, on compte, on calcule des moyennes et des pourcentages, on range chaque action par genre de frottement, âge et sexe des singes concernés, catégorie de stimuli, réponses des autres membres du groupe[137]...

Alors qu'on pourrait légitimement penser que, dans l'ordre des choses, l'établissement du laboratoire a suivi celui du terrain, et nous avons vu que c'est ce qui se passe pour l'installation de l'élevage à Paimpont, force est de constater que cela est plus compliqué. Le transfert à Paimpont ne met pas un terme aux voyages au Gabon. De plus, selon Gautier, lorsque Hion arrive à la MBG, il « s'agissait d'élever et d'observer une dizaine d'individus captifs » et surtout : « Deux articles sur des problèmes de détour furent ses premières publications [138] ».

---

136 *Ibid.*, p. 98.
Loireau Jean-Noël, Gautier-Hion Annie (1988), *op. cit.*, p. 246.
137 *Ibid.*
138 Gautier Jean-Pierre (2012), *op. cit.*, p. 2.
Nous n'avons malheureusement pas pu nous procurer ces articles.

L'acte de naissance de la primatologie à Makokou s'inscrit donc d'abord dans le choix de la captivité d'une part, de l'expérimentation d'autre part. L'influence de la psychologie expérimentale est indiscutable, sans être excluante dans la mesure où nous savons bien que Gautier-Hion passe de longs moments en forêt et au contact de singes en liberté. Tout remonte alors et se combine, Lorenz se trouvant associé aux Piéron, Boutan, Guillaume, Meyerson, Watson et Grassé... À l'instar de Yerkes et surtout de Carpenter, lequel est imprégné d'ornithologie et de naturalisme, mais aussi, nous y reviendrons, de behaviorisme et de psychologie[139], Gautier-Hion et ses collègues incarnent une primatologie de compromis. Dès les débuts de la mission, des laboratoires sont construits. L'accueil des singes ne tarde pas, de même que la mise à disposition de plusieurs véhicules pour les chercheurs[140]. Ainsi, la station porte en elle à la fois l'idée du terrain, en prenant place au cœur de l'Afrique et en facilitant les déplacements de ses résidents, et celle du laboratoire, en privilégiant d'emblée l'étude d'animaux en captivité.

*Voir le singe à l'intérieur*

Les « laboratoires » érigés à la MBG puis à Ipassa renvoient à l'autre sens que nous donnons à ce mot, celui d'un espace de travail spécialement équipé en matériel et machines permettant aux scientifiques d'atteindre un certain niveau de précision pour examiner et analyser des échantillons et toutes sortes de choses. Le travail dans ces laboratoires fait partie des activités premières annoncées de la station gabonaise comme le précise la convention de 1967[141]. Dans les faits, celui-ci consiste avant

---

[139] Montgomery Georgina M. (2015), *op. cit.*, p. 61.

[140] Compte-rendu de la mission du conseiller culturel de l'ambassade de France dans l'Ogooué-Ivindo du 5 au 08/12/1970.
CADN ; 364PO/1 ; 312 ; « CNRS. Laboratoire de primatologie et d'écologie équatoriale de Makokou. 1967-80 »

[141] Convention entre le gouvernement français pour le compte du CNRS et le gouvernement gabonais du 09/03/1967.
CADN ; 364PO/1 ; 312 ; « CNRS. Laboratoire de primatologie et d'écologie équatoriale de Makokou. 1967-80 »

tout à seconder et à prolonger l'observation tant des singes captifs que des singes dans la nature. Nous avons évoqué l'analyse des enregistrements des vocalisations des singes, or celle-ci n'est réalisable avec ce niveau de précision que grâce à un équipement particulier, en l'occurrence au moins un sonographe pour produire des représentations graphiques de l'intensité sonore en fonction de la fréquence et du temps[142]. Si la phase d'enregistrement peut se faire dans la nature ou dans les enclos des animaux, on devine que le reste du travail est fait en laboratoire. Celui-ci permet aussi de porter le regard de l'observateur au-delà de ce qui est visible depuis l'extérieur. C'est ainsi que, pour percer le mystère des glandes permettant le marquage olfactif, on compare un morceau de peau du dos prélevé sur un *cercopithecus neglectus* mort à un morceau de peau de la poitrine. L'examen met notamment en évidence une zone glandulaire cutanée spécialisée dans la région sternale avec des glandes sudoripares plus développées et une activité glandulaire plus intense[143]. On ouvre aussi le corps des singes lors de recherches portant sur leur régime alimentaire. Ainsi, entre 1970 et 1980 environ, 214 estomacs de *cercopithecus nictitans*, *pogonias* et *cephus* sont collectés dans un rayon de 50 km autour de la station de Makokou pour en étudier leur contenu. Il en résulte premièrement que les trois espèces sont principalement frugivores et secondairement folivores et insectivores mais mangent aussi des compléments comme de la terre ou des fleurs. L'analyse des données est ensuite beaucoup plus poussée, en termes de précision, de quantité et variété des facteurs pris en compte, incluant par exemple les variations saisonnières et le sexe des individus[144]. Les fruits, qui représentent entre 73 et 82,5 % du régime de ces cercopithèques sont issus de 93 espèces différentes. En plus des primates, il faut alors bien connaître la végétation[145]. Avec le renfort de

---

Cela englobe des recherches sur le comportement et la psychologie des primates, sur la physiologie de ces derniers, les virus qu'ils hébergent et des tests pharmacodynamiques. Nous avons déjà évoqué l'impasse du dernier volet.

142 Voir Quris René (1973), *op. cit.*, p. 235 et suivantes.

143 Loireau Jean-Noël, Gautier-Hion Annie (1988), *op. cit.*, p. 251.

144 Gautier-Hion Annie (1980), *op. cit.*, p. 238 et suivantes.

145 Gautier-Hion Annie, Quris René, Gautier Jean-Pierre (1983), *op. cit.*, p. 326.

Michaloud, qui est botaniste, 270 estomacs appartenant à 5 espèces de cercopithèques et 2 espèces de mangabeys sont utilisés quelques années plus tard pour étudier spécifiquement la consommation de figues afin d'explorer l'hypothèse selon laquelle ce fruit serait une « ressource clé » pour les vertébrés de la forêt tropicale[146].

Les primatologues paimpontais peuvent s'appuyer sur leur réseau à l'occasion du symposium de 1985 et de la rédaction de *A primate radiation*, élargissant l'angle d'attaque de leurs recherches à des domaines d'expertise que leurs propres laboratoires ne peuvent techniquement assumer. En pénétrant au plus loin de ce que le corps des singes donne à voir, on trouve les os et, au niveau cellulaire, les chromosomes et les gènes. Les squelettes sont scrutés de plusieurs manières, à commencer par le travail sur des ossements fossiles préhistoriques comme le font à l'étranger Meave Leakey[147] et en France Martin Pickford et Brigitte Senut, du Muséum national d'histoire naturelle[148]. Il y a aussi la radiographie. C'est ce pour quoi opte Kingdon qui, en passant aux rayons X les mains et les pieds de singes vivants sédatés et des spécimens entiers de muséum, réalise une étude comparative de la morphologie des pieds et des mains de 22 espèces de cercopithèques. Il extrait par ailleurs dans le même contexte le calcanéum de 10 d'entre elles, vraisemblablement sur des individus morts[149]. Les équipes investies dans une approche génétique ou chromosomique viennent de la *Harvard Medical School*[150], de l'Institut Curie de Paris et du département d'anthropologie de l'université du Wisconsin. Nous nous contenterons de dire que Bernard Dutrillaux, Martine Muleris et Jérôme Couturier procèdent à des biopsies de la peau et des muscles rapidement après la mort naturelle d'animaux pour ensuite faire des cultures de fibroblaste et enfin étudier les caryotypes de plus d'une

[146] Gautier-Hion Annie, Michaloud Georges (1989), *op. cit.*, p. 1826-1827.
[147] Leakey Meave (1988), *op. cit.*
[148] Pickford Martin, Senut Brigitte (1988), *op. cit.*
[149] Kingdon Jonathan (1988a), *op. cit.*, p. 184-187.
[150] Ruvolo Maryellen (1988), « Genetic evolution of the African guenons », dans Annie Gautier-Hion *et al.*, *op. cit.*, p. 127-139.

vingtaine d'espèces[151]. Trudy Turner, Jerald Maiers et Carol Mott examinent de leur côté des échantillons de sang par électrophorèse[152].

Le laboratoire n'est pas utile uniquement pour l'usage qui y est fait d'une technologie qui ne peut être déplacée sur le terrain ou parce qu'il favorise l'interdisciplinarité, il est utile parce qu'il conduit, par une plongée en profondeur dans la biologie des primates, à un perfectionnement du discours théorique au-delà de ce que permet la seule mise en réseau des terrains de recherche. Dans l'histoire de nos stations durant les 3 décennies qui nous occupent ici, les monographies sur les comportements des singes gabonais s'insèrent peu à peu dans l'écologie forestière et la biologie évolutive. À propos de cette dernière, notons qu'il s'agit d'une préoccupation présente dès 1969 lorsque Gautier et Gautier-Hion posent la question « des problèmes évolutifs et génétiques complexes » que soulève l'existence des « affinités » interspécifiques qu'ils observent chez les cercopithécidés dans la nature. Le problème qui apparaît également est celui de « l'innéité des émissions sonores » en lien avec l'origine des espèces[153]. Un chemin important est parcouru par la suite dans une recherche à l'échelle de laquelle l'ouvrage de 1988 fait en quelque sorte figure de « chef-d'œuvre ». Ses trois grandes composantes que sont *« Guenons and the African environment: past and present »*, *« Genetic and phenetic characteristics: their use in phylogenetic reconstruction »* et *« Ecology and social behaviour »* s'imbriquent solidement les unes dans les autres. En mettant en commun, en comparant et en recoupant de nombreuses données et résultats d'analyses obtenues à partir de matériaux, de techniques et de méthodologies très variées, ce sont des pans entiers de l'histoire naturelle des cercopithécidés

[151] Dutrillaux Bernard, Muleris Martine, Couturier Jérôme (1988), « Chromosomal evolution of Cercopithecinae », dans Annie Gautier-Hion *et al.*, *op. cit.*, p. 150-151.

[152] Turner Trudy T., Maiers Jerald E., Mott Carol S. (1988), « Population differentiation in *Cercopithecus* monkeys », dans Annie Gautier-Hion *et al.*, *op. cit.*, p. 141.

[153] Gautier Jean-Pierre, Gautier-Hion Annie (1969), *op. cit.*, p. 197-198.

depuis 3 millions d'années qui sont reconstitués et la synthèse finale, qui fait office de conclusion, s'achève sur des mots d'un grand optimisme sur la possibilité de saisir dans le présent « l'évolution en action » :

> We are now reasonably certain that this group of monkeys is still in an active stage of evolution, and some of the highly variable forest forms belong to an incipient stage of speciation. This has a correspondence with an unusual karyotypic heterogeneity, a definite tendency to live in mixed troops, and a propensity to hybridize. Are all these traits causally related, and to what extent? This needs now to be explored more closely. The study of « evolution in action » in a group of living primates no longer remains an inaccessible dream... as long as monkeys and their habitats are and continue to be protected[154].

Avec l'évolutionnisme, les diverses classifications cladistiques proposées[155], l'habitude de l'anatomie comparée[156]

---

[154] Annie Gautier-Hion *et al.* (1988), *op. cit.*, p. 506.
Traduction personnelle : « Nous sommes maintenant raisonnablement certains que ce groupe de singes est encore dans une phase active d'évolution, et que certaines des formes forestières très variables appartiennent à une phase naissante de spéciation. Cela correspond à une hétérogénéité caryotypique inhabituelle, à une nette tendance à vivre dans des troupes mixtes et à une propension à s'hybrider. Tous ces traits sont-ils liés de manière causale et dans quelle mesure ? Cela doit maintenant être exploré plus étroitement. L'étude de « l'évolution en action » dans un groupe de primates vivants n'est plus un rêve inaccessible… tant que les singes et leurs habitats sont et continuent d'être protégés. »
À propos de l'hybridation entre cercopithèques ascagnes et singes bleus, voir Struhsaker Thomas T., Butynski Thomas M., Lwanga Jeremiah S. (1988), « Hybridization between redtail (*Cercopithecus ascanius schmidti*) and blue (*C. mitis stuhlmanni*) monkeys in the Kibale Forest, Uganda », dans Annie Gautier-Hion *et al.*, *op. cit.*, p. 477-497.

[155] En fonction des vocalisations, voir Gautier Jean-Pierre (1988), « Interspecific affinities among guenons as deduced from vocalizations », dans Annie Gautier-Hion *et al.*, *op. cit.*, p. 216, 218 et 224.
En fonction des crânes et des dents, voir dendogrammes dans Martin Robert D., MacLarnon Ann M. (1988), « Quantitative comparisons of the skull and teeth in guenons », dans Annie Gautier-Hion *et al.*, *op. cit.*, p. 173, 175 et 177.
En fonction de caractères génétiques, voir phénograme, cladogramme et arbres dans Ruvolo Maryellen (1988), *op. cit.*, p. 132-133 et 135-136.
Voir aussi *cladogram* en fonction des caryotypes dans Dutrillaux Bernard, Muleris Martine, Couturier Jérôme (1988), *op. cit.*, p. 154.

et la pratique de la dissection, on ne peut s'empêcher de percevoir l'écho de la pensée du XIX$^{e}$ siècle s'allier aux connaissances et moyens techniques et scientifiques des années 1980 et notamment à la biologie de « pointe » que représente la génétique mais aussi, dans un autre registre, à l'éthologie. Le tableau est presque complet et, à bien y regarder, en s'aperçoit qu'il n'y a pas d'opposition entre le laboratoire et l'observation dans la nature mais des différences graduelles dans l'intégration de l'un dans l'autre. En effet, tous les primatologues de terrain que nous avons cités font appel au laboratoire : Carpenter affirme la nécessité d'un laboratoire bien équipé pour parfaire l'étude des vocalisations[157], les Altmann font des prélèvements sanguins et intègrent à leur base des données génétiques et hormonales[158], même Fossey rapporte à son campement des échantillons d'excréments et de feuilles et fait autopsier les gorilles décédés[159]. Ce qui influe sur le degré de présence du laboratoire dans la recherche, c'est le statut que les primatologues lui donnent. Proche du « tout-terrain », le laboratoire n'est là qu'en appui et, près du « tout-laboratoire », celui-ci s'émancipe. Sur ce *continuum*, l'ensemble que forment les stations de Makokou et de Paimpont occupe une position intermédiaire bien qu'oscillante selon les thématiques envisagées.

### 2. Observer à volonté des comportements « naturels »

*Quelle artificialité du terrain ? Quelle spontanéité dans l'enclos ?*

Nous avons proposé une vue d'ensemble de ce qu'apportent les travaux dits « de laboratoire », « de terrain » et l'articulation

[156] Outre la question des squelettes, voir les nombreux dessins (faciès de 24 espèces) dans Kingdon Jonathan (1988b), « What are face patterns and do they contribute to reproductive isolation in guenons? », dans Annie Gautier-Hion *et al.*, *op. cit.*, p. 227-245.
[157] Montgomery Georgina M. (2005), *op. cit.*, p. 519.
[158] Montgomery Georgina M. (2015), *op. cit.*, p. 113-115.
[159] Fossey Dian (1983), *op. cit.*, p. 52, 104 et 173.

des deux au sein des stations et sommes à présent désireux d'interroger plus avant un aspect transversal, l'observation du comportement des singes, en nous arrêtant sur le questionnement suivant : en quoi et dans quelle mesure les comportements que le primatologue observe sont-ils naturels ? Ce qui pose le problème fondamental de la définition et de la délimitation du fait « naturel ». Comme point de départ, partons de l'idée assez simple que « naturel » est un adjectif qui se rapporte au nom « nature ». En considérant que celle-ci est l'essence de l'être, on peut dire qu'un comportement naturel est un comportement inné. Concrètement, en sachant que les répertoires vocaux des *cercopithecus nictitans* et *cephus* sont proches mais que chacun a des vocalisations qui le distinguent de l'autre, que le *cercopithecus mona* a des cris qui lui sont presque exclusivement propres et que le talapoin n'en a aucun en commun avec les 3 autres alors même que toutes ces espèces sont habituées à vivre ensemble, on conclut au caractère inné de la plupart des émissions sonores de ces singes. Les autres vocalisations, celles qu'une espèce apprend en en côtoyant une autre ne lui seraient donc pas naturelles. Pour les primatologues qui les étudient, le problème ne se pose pas en ces termes, mais le souci de distinguer « ce qui est vraiment spécifique à chacune des espèces vivant en association » pour éclaircir le problème des origines est bien là[160]. En considérant maintenant que la nature est « un domaine d'objets régi par des lois autonomes », physiques, chimiques et biologiques en somme, duquel s'exclut l'humanité qui s'organiserait selon des lois distinctes, culturelles, on s'oppose au principe de la *« mesme nature »* de Montaigne qui unifie les phénomènes humains et non humains et que Descola appelle de ses vœux[161]. Appliquée à la primatologie, la distinction entre nature et culture pose problème, car nombre de choses comme l'outil, la culture, la société et même le langage et la conscience sont petit à petit exclues du « propre de l'homme[162] », notamment durant la

[160] Gautier Jean-Pierre, Gautier-Hion Annie (1969), *op. cit.*, p. 198.
[161] Descola Philippe (2005), *op. cit.*, p. 10.
Fait référence à Montaigne, *Apologie de Raymond de Sebonde*.
[162] Coppens Yves, Picq Pacal (dir.) (2001), *op. cit.*

période qui nous intéresse si l'on songe à l'utilisation et à la fabrication d'outils par les chimpanzés qui est bien documentée dans les années 1960 et 1970[163]. Un singe doué de culture fait donc partie de la nature, ce qui vide en partie notre question de son sens. En revanche, l'intérêt de celle-ci demeure en associant l'idée de nature à celle d'un état non affecté par l'Homme, qu'il soit inné ou acquis, donc « sauvage » et l'idée de culture à celle de domestication. À partir de quel point un comportement cesse-t-il d'être celui d'un animal sauvage ?

> The restricted and artificial environment of the laboratory limited the study of natural social behavior. Captive primates, for example, frequently displayed stereotypical behaviors, meaning that behaviors were repeated in an unnatural fashion, sexual behaviors could be distorted and psychological disorders could develop. Furthermore, the laboratory failed to reveal social behavior, such as territoriality, communication and social organization, which required the observation of entire groups of primates both in interaction with other species and with the environment to which they were adapted. In other words, « real world » primate behavior could only be studied in the field[164].

---

[163] Jones Clyde, Sabater Pi Jordi (1969), « Sticks used by chimpanzees in Rio Muni, West Africa », dans Veà Joaquim J., Fullola Josep M., Serrat David, Turbon Daniel (éds.) (1997), *op. cit.*, p. 65-67.
Sabater Pi Jordi (1974), « An elementary industry of the chimpanzees in the Okorobikó moutaines of Rio Muni (Rep. Equat. Guinea, West Africa) », *Ibid.*, p. 85-98.
[164] Montgomery Georgina M. (2005), *op. cit.*, p. 496.
Traduction personnelle : « L'environnement restreint et artificiel du laboratoire limitait l'étude du comportement social naturel. Les primates en captivité, par exemple, affichaient fréquemment des comportements stéréotypés, ce qui signifie que ces comportements étaient répétés de manière non naturelle, que les comportements sexuels pouvaient être déformés et que des troubles psychologiques pouvaient se développer. De plus, le laboratoire a échoué à révéler des comportements sociaux, tels que la territorialité, la communication et l'organisation sociale, qui nécessitaient l'observation de groupes entiers de primates, à la fois en interaction avec d'autres espèces et avec l'environnement auquel ils étaient adaptés. En d'autres termes, le comportement des primates du "monde réel" ne pouvait être étudié que sur le terrain. »
L'expression « *real world* » est empruntée à Altmann Jeanne (1974), *op. cit.*

Non seulement la captivité prive l'observateur de la connaissance de véritables situations sociales et écologiques, mais elle produit des individus présentant des troubles du comportement et des désordres psychologiques importants. Un comportement naturel ne peut dans ce cas l'être que si le cadre d'observation est lui aussi naturel. Cette nouvelle ligne de démarcation entre laboratoire et terrain ne peut pas être totalement effacée, mais elle peut être en partie discutée. À la naissance de l'éthologie moderne, Lorenz, qui est un observateur de « type paysan », aime observer des animaux élevés et soignés par lui et Tinbergen mène des expériences non invasives dans la nature, par exemple en utilisant fréquemment des leurres[165]. Ainsi, être dans la nature ne garantit pas un comportement spontané. Ainsi, lorsqu'en pleine nuit des talapoins effrayés par les scientifiques fuient dans les arbres et dans la rivière ou que l'un des observateurs, passant en pirogue sous un arbuste où dorment une mère talapoin et son petit dont les queues pendent, « tend la main, à 20 cm à peine des deux queues » et que « la femelle bondit dans l'eau avec son enfant accroché sous le ventre[166] », la réaction est provoquée. De même, bien que cela soit moins systématique qu'en captivité où les *stimuli* testés sont nombreux, les cris enregistrés dans la nature peuvent être poussés « lors de perturbations provoquées par la vue de l'observateur[167] ». Ceci ne veut pas dire que les plongeons et les émissions sonores n'existent pas « naturellement », mais ces anecdotes permettent de souligner le fait que la présence sur le terrain peut amplifier certains comportements, désorganiser l'ordre social d'un groupe à un moment donné voire durablement et donc avoir une incidence qui potentiellement fausse l'observation. C'est ce qui conduit Vernon Reynolds à écrire « Les chimpanzés de Gombe sont-ils vraiment sauvages ? » en 1975 au sujet du régime de prédation des chimpanzés sur les babouins qui est selon lui partiellement induit par l'équipe de Goodall qui attire les premiers avec des bananes, mais involontairement aussi les seconds et augmente

[165] Thomas Marion (2010), *op. cit.*, p. 295-297.
[166] Gautier-Hion Annie, Gautier Jean-Pierre (1971), *op. cit.*, p. 69.
[167] Quris René (1973), *op. cit.*, p. 235.

alors la fréquence des contacts entre ces deux espèces[168]. Par ailleurs, des espèces telles que le talapoin ou plus ponctuellement le *cercopithecus cephus* sont habituées aux humains dans certaines localités[169], ce qui nous amène à nous demander si l'habituation n'est pas assimilable en partie à une forme très embryonnaire de domestication. Il est en effet difficile de savoir où situer la limite objective entre le comportement « dans la nature » d'un talapoin qui se nourrit en partie du manioc produit par des humains de celui « à la maison » d'un talapoin né sauvage[170].

Du côté du laboratoire, l'impact de la captivité sur les comportements peut être relativisé en disant que les singes ne cessent pas d'avoir des comportements naturels dès lors qu'on leur retire leur liberté. Les animaux captifs continuent de vivre de la façon la plus proche possible de leur mode de vie : dans la forêt, les *cercopithecus neglectus* vivent « en petits groupes de type familial[171] », or cette structure semble se reformer en captivité [172] ; un certain nombre d'émissions sonores des *cercocebus galeritus* sont entendues à la fois dans la nature et en captivité[173]. Il est entendu que nous sommes en présence d'espèces qui se déplacent en Afrique dans des domaines vitaux beaucoup plus vastes[174] et plus arborés que des enclos, la liste des limitations dans le panel de leurs comportements normaux pourrait donc être longue, sans compter la possibilité de ne pas être épiés à volonté. Pour autant, il est difficile de qualifier les comportements dans les stations de non-naturels dans la mesure où on n'y décrit apparemment pas de grande nouveauté. Enfin,

---

[168] Vervon Reynolds (1975), « How wild are the Gombe chimpanzees? » , *Man*, vol. 10, n° 1, p. 123-125.
Raconté dans Leblan Vincent (2017), *op. cit.*, p. 11.

[169] Pour rappel sur le *cercopithecus cephus,* voir Quris René *et al.* (1981), *op. cit.* Sur le talapoin, qui est fréquemment cité, voir notamment Hladik Claude-Marcel et Annette (2011) et Gautier Jean-Pierre (2018), *op. cit.*

[170] Pour rappel au sujet de ce talapoin, voir Gautier-Hion Annie, Gautier Jean-Pierre (1971), *op. cit.*, p. 69-70.

[171] Gautier-Hion Annie, Gautier Jean-Pierre (1978), *op. cit.*, p. 87.

[172] Loireau Jean-Noël, Gautier-Hion Annie (1988), *op. cit.*, p. 246.

[173] Quris René (1973), *op. cit.*

[174] Voir cartes de quelques domaines vitaux dans Quris René (1976), *op. cit.*, p. 199.

la question de la nature des singes nés captifs et qui ne connaissent que la captivité rend le problème insoluble. Nous observons en fait que, dans la pratique, la décision de savoir si le comportement observé est naturel ou pas revient à l'observateur qui tranche finalement comme il l'entend. Décider qu'un talapoin qui nage dans une baignoire[175] est un fait naturel ou non est un choix subjectif. Cela n'est pas toujours sans conséquence : du choix de Zuckerman d'observer les babouins hamadryas du zoo de Londres en 1932 résulte pendant longtemps une image caricaturale de l'espèce entière à cause d'un cadre qui favorise dramatiquement des comportements très agressifs[176]. Plus tard, Thelma Rowell est connue par contre pour son soin à agencer l'intérieur de la cage des singes qu'elle étudie pour permettre un comportement plus « naturel[177] ». Nous n'avons pas connaissance d'un positionnement exprimé par des primatologues de Makokou ou de Paimpont à ce propos si ce n'est implicitement dans l'aménagement minimal des enclos, lequel permet de vivre en groupe, de grimper aux branches et d'être en contact avec l'eau, qui laisse penser que le besoin d'atténuer les possibles dérives méthodologiques – et éthiques ? – s'impose à eux.

### *L'île aux singes*

La diversité des situations de travail rencontrées à Makokou nous offre la possibilité d'étudier l'une d'entre elles en particulier : la situation insulaire. Celle-ci constitue pour nous un « cas dans le cas » qui agrège et synthétise à échelle réduite plusieurs éléments traités plus haut et une « frontière dans la frontière » en ce qu'elle est en soi une microzone de transition entre le terrain et le laboratoire, entre captivité et liberté. Pour toutes ces raisons, ce cas est idéal pour achever notre description et notre réflexion sur les pratiques en primatologie au sein des

---

175 Gautier-Hion Annie, Gautier Jean-Pierre (1971), *op. cit.*, p. 70.

176 Van Hoof Jan A.R.A.M. (2001), « Vivre en groupe : entre contraintes sociales, sexuelles et écologiques », dans Coppens Yves, Picq Pacal (dir.), *op. cit.*, p. 202-203.

Coppens Yves, Picq Pacal (dir.), p. 516.

177 Haraway Donna (1991b), *op. cit.*, p. 62-63.

stations. L'immense espace concédé par le Gabon au CNRS pour l'établissement de la station qui succède à la MBG correspond principalement au plateau d'Ipassa mais « comprend en outre sept îlots inhabités, dont l'un est connu sous le nom d'île aux singes, situé immédiatement en aval [de la limite nord-est du terrain de la station]. Ces îlots se trouvent dans la partie de l'Ivindo bordée par la concession[178] ». D'une superficie de 66,5 ha en basse eau, réduite en moyenne de 20 % quand les eaux sont hautes, l'île aux singes porte également le nom d'« île aux chimpanzés » car elle est le lieu de réintroduction de plusieurs chimpanzés bien que d'autres espèces de singes y vivent aussi et notamment 20 à 25 *cercopithecus neglectus* sauvages, qui sont les seuls cercopithèques dont la présence est régulière, répartis en 6 bandes distinctes dans les années 1970[179]. En outre, quelques gorilles font aussi l'objet de réintroductions et y sont visibles au moins dans les années 1980[180]. Ce type de situation n'est pas un fait unique dans l'histoire de la primatologie occidentale. Deux fameux « terrains » de Carpenter étant des îles par exemple, lesquelles nous donnent l'occasion de clarifier l'équilibrage qui s'opère chez ce dernier entre ses orientations naturalistes et son ouverture aux sciences expérimentales. Barro Colorado, au Panama, voit l'éclosion du primatologue de terrain que nous avons décrit avec le développement de ses méthodes d'observation auprès de singes hurleurs autochtones. L'ornithologue Frank Chapman, qui le précède, désigne l'endroit comme une « île laboratoire » qui combine dans la nature des conditions qui assurent la sécurité, le confort et la productivité des biologistes[181]. Après son séjour au Panama et un autre en Asie, Carpenter se sent frustré par les contraintes du terrain et prône alors le choix de sites naturels mieux contrôlés. Il s'établit sur l'île de Santiago, à Porto Rico, où

[178] Convention entre le gouvernement français pour le compte du CNRS et le gouvernement gabonais du 09/03/1967.
CADN ; 361PO/1 ; 312 ; « CNRS. Laboratoire de primatologie et d'écologie équatoriale de Makokou. 1967-80 »

[179] Gautier-Hion Annie, Gautier Jean-Pierre (1978), *op. cit.*, p. 85-87.

[180] Devez Alain (1986), « L'île aux singes », Émission *Le monde selon Georges* du 19/03/1986, 12 min 17 s, Antenne 2, CNRS, CRC Éditions, en ligne www.ina.fr

[181] Montgomery Georgina M. (2005), *op. cit.*, p. 510-511.

400 macaques rhésus sont importés d'Inde en 1938-1940. Il continue de revendiquer le caractère naturel des comportements observés tout en perturbant cette fois radicalement et volontairement la vie sociale des macaques par ses expériences[182]. À ce sujet, il parle de « laboratoire de terrain », sorte d'oxymore chargé de signification.

L'île aux singes se distingue de Barro Colorado et Santiago mais soulève la même question centrale de la maîtrise du terrain et des conditions d'observation. Le contexte d'une étude menée par Hladik en 1971-1972 sur l'alimentation et les activités d'un groupe de chimpanzés nous donne une bonne idée à ce sujet. Le milieu végétal est semblable à celui de toute la région, de même que le climat. L'un et l'autre sont donc à ce moment connus avec précision grâce aux recherches menées sur place depuis l'implantation de la première station ou encore à la station météorologique du camp d'aviation de Makokou[183]. L'île en elle-même est spécialement explorée et préparée en vue de faciliter l'enquête proprement dite. La méthode, en deux temps, est la suivante :

> L'île, longue de 1 km 700, est parcourue d'étroits sentiers permettant les repérages [...]. A une série de layons parallèles espacés de 200 m, que G. DUBOST avait fait ouvrir au cours de ses recherches sur le Chevrotain aquatique, nous avons ajouté, dans la partie nord de l'île, un quadrillage de 100 m de côté [...]. Ces layons suivent la direction des premiers tracés et ne sont pas exactement perpendiculaires ; mais le système de coordonnées ainsi établi, avec des plaquettes de repérage tous les 20 m (protégées par des barbelés contre les chimpanzés !), permet de retrouver tous les gros arbres dans les quadrants, en s'aidant d'une boussole.
>
> [...] nous avons cherché à obtenir le maximum d'informations qualitatives et quantitatives sur les aliments naturels ingérés au cours d'une journée. Et pour ce faire, l'observation directe s'avère être la technique la plus sûre. Un seul animal est suivi et l'on note le nombre de fruits ou de feuilles ingérés, etc. Des échantillons alimentaires sont ensuite collectés et pesés pour pouvoir

---

182 *Ibid.*, p. 524-526.

183 Hladik Claude-Marcel (1973), p. 436-351.

transformer les données d'observation en estimations quantitatives. Ainsi, 176 échantillons frais recueillis ont été fixés (fixation alcoolique sous réfrigérant à reflux ou dessiccation à l'étuve) pour permettre les analyses biochimiques qui donneront les conclusions du présent travail écologique[184] [...].

On voit bien le rôle de soutien du laboratoire pour traiter les échantillons. De plus, les savoirs de collègues et autres spécialistes, dans la station et en dehors, sont sollicités pour aider à l'identification des aliments consommés par les chimpanzés de l'île. Sont ainsi comptabilisés, en un an, entre 167 et 311 espèces végétales différentes, de nombreuses espèces de fourmis et autres invertébrés, dans une moindre mesure des oiseaux et leurs œufs, un rongeur, un lémurien et enfin de la terre sous des formes diverses[185].

L'observation directe reste fondamentale mais rencontre des obstacles tels que le manque de visibilité qui est en grande partie contourné par plusieurs outils et surtout par « l'utilisation d'animaux quasi apprivoisés[186] ». En effet, le « groupe » dont il est question est constitué artificiellement par les chercheurs de la station et 6 au moins des 8 singes qui le composent en 1972 sont « acquis » après capture de 1967 à 1972. Au moins deux sont nourris par les humains dès leur petite enfance. Tous passent par l'élevage de Bélinga ou par la station avant d'être libérés sur l'île. Les scientifiques de Makokou contrôlent donc l'essentiel des conditions de vie de ces chimpanzés. La réintroduction n'est toutefois pas chose aisée et un premier essai en 1968 se solde par un échec, c'est-à-dire par la mort inexpliquée du mâle Toto et le rapatriement pour 8 mois dans un enclos de la station des femelles de 3 ans Atelebiba et Dodo, jugées trop jeunes. Elles sont relâchées plus tard, suivies par d'autres. Cela prend du temps mais les uns et les autres entrent en contact, faisant naître un véritable groupe[187]. Nous avons la chance de disposer d'un document audiovisuel, daté de 1986, présentant l'île aux singes et dont le

[184] *Ibid.*, p. 351-352.
[185] *Ibid.*, p. 354-389.
[186] *Ibid.*, p. 352-353.
[187] *Ibid.*, p. 345-346.

visionnage améliore notre perception de la situation[188]. On y voit au moins 8 chimpanzés, sans savoir si ce sont les mêmes qu'en 1972, et 2 ou 3 gorilles. Un vétérinaire et son assistant font des visites régulières pour vérifier l'état de santé des singes, apporter des bananes et leur préparer de la bouillie de céréales. On voit un lien fort entre ces deux humains et les grands singes au travers de jeux, du partage du repas et de gestes d'affection. Le narrateur explique qu'« au contact des hommes, les singes sont devenus empruntés et malhabiles. Il faut les aider à redevenir des singes à part entière[189] ». Ce rapport de dépendance qui lie ces singes aux chercheurs est directement imputable au cadre fabriqué par les seconds, ce qui entretient une ambiguïté entre leur volonté affirmée de « réintroduction » des grands singes dans la nature et celle de s'aménager de bonnes conditions d'observation qui interroge la faisabilité du projet initial. Ainsi, l'île protège les chimpanzés de la pression de la chasse mais ne subvient pas à tous leurs besoins puisque, bien qu'ils se débrouillent la plupart du temps, ils continuent de se ravitailler en bananes, surtout quand les fruits se raréfient pendant la grande saison sèche[190]. Cette île présente aussi un double avantage pour l'observateur humain basé à Ipassa, à savoir que celui-ci peut s'y rendre en seulement un quart d'heure de marche suivi d'une courte traversée en pirogue[191] et qu'elle permet le maintien du groupe étudié, dont les membres ne nagent pas, car il n'existerait pas de passage reliant l'île à la terre ferme contrairement à d'autres îles du même type où d'ailleurs des chimpanzés sauvages circulent[192]. Pourtant, résultat de l'adaptation simienne sur quinze ans ou découverte humaine tardive, la vidéo montre plusieurs individus profiter de la saison sèche pour passer d'une rive à l'autre en empruntant une jetée de pierres[193]. L'anecdote démontre qu'à la frontière entre mondes humains et non humains, il y a toujours des phénomènes qui échappent au contrôle.

---

188 Devez Alain (1986), *op. cit.*

189 *Ibid.*, 1 min 47 s.

190 Hladik Claude-Marcel (1973), *op. cit.*, p. 390.

191 *Ibid.*, p. 351.

192 *Ibid.*, p. 346.

193 Devez Alain (1986), *op. cit.*, 9 min 32 s.

Paimpont et Makokou sont des lieux de recherche singuliers en ce qu'ils cumulent les particularités d'accueillir le travail autant que la vie quotidienne des primatologues et d'une partie de « leurs » singes, et d'être des bases depuis lesquelles les premiers peuvent partir s'enfoncer dans la forêt pour entrer en contact avec la nature sauvage aussi bien que rester penchés sur leurs tables de laboratoire ou mettre en œuvre des protocoles expérimentaux. Être posté dans une station, c'est être à la fois passeur et garde-frontières et le « s » final fait sens ici tant nous nous trouvons à un point de contacts et de mélanges pluriels : entre individus, entre groupes, entre institutions, entre espèces, entre territoires, entre méthodologies et entre tendances épistémologiques. Les stations sont entre le terrain et le laboratoire, mais ne se trouvent pas toutes à égale distance des deux. Elles sont en effet éparpillées sur toute l'étendue d'un *continuum*. Makokou est au centre en présentant un certain équilibre entre ses composantes alors que Paimpont offre une primatologie proche du laboratoire au point d'en être en quelque sorte une forme améliorée. Les deux stations se complètent pourtant mutuellement, compensant l'éloignement de l'Afrique de l'une comme celui des grandes universités de l'autre, et participent d'une même recherche d'affiner les observations de terrain avec celles du laboratoire, et *vice versa*. Les deux approches y sont pratiquées, directement ou indirectement, de manière autonome lorsque cela est possible et sinon en s'incluant dans un réseau plus vaste qui maximise leur potentiel. Le tout se caractérise enfin par le souci des chercheurs de légitimer leur discipline en tant que science par des moyens techniques, mathématiques et même stylistiques.

Nous avons dressé un panorama plutôt large de l'histoire des deux stations, d'abord en tournant autour puis en nous intéressant à l'intérieur. Cela dit, des protagonistes ont été pour l'instant mis de côté alors que, nous allons le voir, ils jouent un rôle important : les habitants des régions de Makokou et de Paimpont. Parmi les lacunes dont souffre le présent travail, celle-ci est sans doute celle qui, au moins dans le cas gabonais, serait la plus inexcusable si elle n'était pas comblée.

# IV.

## LES « INDIGÈNES » DANS LA CONSTITUTION ET LA CIRCULATION DES SAVOIRS SCIENTIFIQUES

En 1969-1970, l'Ogooué-Ivindo compte au total 40 560 habitants dont 2 888 urbains, exclusivement à Makokou, 36 159 ruraux et une population « de chantiers » de 1 513 personnes. Avec 7,1 % de population urbaine et 89,2 % de population rurale, nous sommes en présence de la partie la moins urbanisée de tout le pays[1]. La commune de Paimpont regroupe 1 714 habitants en 1968, 1 559 en 1975 et 1 449 en 1982. Cette tendance à la baisse s'inscrit sur le long terme dans un phénomène qui s'initie dans la première partie du XIX$^{e}$ siècle et ne s'arrête qu'à la toute fin du XX$^{e}$ siècle – respectivement 3 791 habitants en 1831, 1 395 en 1999. L'endroit a donc tendance à se vider sur la période qui nous intéresse[2]. La dynamique démographique importe peu ici mais nous voulons avec ces quelques chiffres rappeler que les territoires sur lesquels s'établissent nos stations, bien que faiblement peuplés, ne sont pas pour autant des déserts humains. Ce fait peut paraître anodin mais il est en réalité essentiel à plusieurs niveaux. Pour que vive une science, il faut différentes catégories d'acteurs et d'actrices qui débordent le seul corps scientifique. Tout le monde est utile dans l'histoire d'une

[1] Recensement général de la population 1969-1970 établi par le ministère gabonais du plan, du développement et de l'aménagement du territoire.
CADN ; 364 PO/1 ; 313 ; « Recensements, enquêtes démographiques et sondages d'opinion (1963-1982) »

[2] Notice communale sur Paimpont par Ldh/EHESS/Cassini, en ligne cassini.ehess.fr

station, des ouvriers qui ont creusé les fondations aux techniciens qui assistent les chercheurs en passant par ceux qui assurent l'entretien ou font la cuisine. Par leur présence et leur travail, ils permettent à la structure d'exister et participent concrètement à l'élaboration du savoir. Or, pragmatiquement, c'est directement sur place ou dans des régions proches que les résidents des stations trouvent cette nécessaire main-d'œuvre. De façon beaucoup plus générale, l'apparition des nouveaux arrivants dans le paysage et leur prise de contact avec les « autochtones » provoquent des mutations dans le tissu social et économique local. Certaines d'entre elles sont aisément observables : le lieu-dit Beauvais est raccordé à l'eau potable en même temps que la station de Paimpont[3] et environ 70 familles vivent grâce aux dépenses de la station de Makokou en 1971[4]. L'année précédente, il est même question d'installer près du centre d'Ipassa un « village africain » d'une dizaine de familles[5] mais il semble que cela ne se concrétise pas. Dans le même temps, la vie coutumière se poursuit et les notables de la place continuent de compter au sein de la jeune République gabonaise[6].

Le sortir de la situation coloniale ajoute une spécificité au cas de Makokou. Nous avons parlé de « population » et d'« habitants » mais c'est un autre terme qui retient notre attention, celui d'« indigènes ». Il est utilisé notamment par Gautier, à propos des chasseurs, lorsqu'il présente au recteur rennais l'élevage de Makokou en 1969[7]. Nous convenons que

---

[3] EB (2016-2018a), *op. cit.*

[4] Note non signée concernant le laboratoire de primatologie et d'écologie équatoriale de Makokou datant de 1971.
CADN ; 364PO/1 ; 312 ; « CNRS. Laboratoire de primatologie et d'écologie équatoriale de Makokou. 1967-80 »

[5] Compte-rendu de la mission du conseiller culturel de l'ambassade de France dans l'Ogooué-Ivindo du 5 au 08/12/1970.
CADN ; 364PO/1 ; 312 ; « CNRS. Laboratoire de primatologie et d'écologie équatoriale de Makokou. 1967-80 »

[6] Article de « MBILA Le peuple » au sujet de la visite du président Bongo à Makokou le 08/04/1971.
CADN ; 364PO/1 ; 312 ; « CNRS. Laboratoire de primatologie et d'écologie équatoriale de Makokou. 1967-80 »

[7] Rapport de Jean-Pierre Gautier au recteur du 06/03/1969.

son emploi n'a rien de systématique mais même une seule occurrence, surtout à une date si tardive, suffit pour envisager la place des Africains dans l'histoire de la station sous l'angle de l'histoire coloniale. Le problème se pose en fait à la primatologie dans son ensemble dans la mesure où il ne s'agit pas là d'un exemple isolé. Par exemple, le mot *« indígena »* se retrouve encore chez Sabater Pi à la fin des années 1980[8] et même au début des années 2000[9]. La portée du mot peut être sujette à discussion mais, dans un contexte francophone, il est difficile de contester l'idée qu'il y a là un indicateur de la persistance d'une culture antérieure objectivement raciste bien que cela soit probablement inconscient à ce stade. Toutefois, il serait erroné de considérer que la tradition coloniale, qu'il ne s'agit pas de minimiser, écrase de son poids toute possibilité d'évolution culturelle dans les rapports entre chercheurs occidentaux et voisins, collaborateurs ou encore collègues africains et asiatiques. Dans le cadre de l'APE, un certain nombre de porteurs locaux sont recrutés pour transporter le matériel et les affaires de l'équipe scientifique. Par la suite, Carpenter remercie brièvement dans un texte de 1940 les *« natives »* qui ont établi et maintenu ses campements, l'ont guidé, ont cuisiné pour lui et l'ont hébergé mais ne nomme personne[10]. Quarante et un ans plus tard, Jeanne Altmann initie ce qu'Alberts désigne comme l'*« Africanization »* de l'*Amboseli Baboon Project* en engageant Raphael Mututua, membre d'une communauté massaï, cette fois-ci comme chercheur de terrain à part entière. D'autres suivront[11]. Il y a donc bien entre les deux une progression à l'échelle de l'histoire de la primatologie.

---

ADIV ; 243W58 ; « Élevage des cercopithèques »

[8] Sabater Pi Jordi (1988), « Recuerdo de África », dans Veà Joaquim J., Fullola Josep M., Serrat David, Turbon Daniel (éds.) (1997), *op. cit.*, p. 20

[9] Tort Joan, Tobaruela Pere (2003), *op. cit.*, p. 153.

[10] Montgomery Georgina M. (2015), *op. cit.*, p. 65-66.
Carpenter Clarence Ray (1940), « A Field Study in Siam of the Behavior and Social Relations of the Gibbon (*Hylobates lar*) », *Comparative Psychology Monograph*, p. 2.

[11] Montgomery Georgina M. (2015), *op. cit.*, p. 115.

Notre travail consiste maintenant à montrer ce qui relève de ce processus au Gabon sans manquer d'en souligner la complexité et sans oublier complètement non plus la question des « indigènes » bretons, lesquels sont aussi concernés par cette thématique d'une certaine manière. À l'échelle de Makokou et de Paimpont, les populations locales sont des partenaires des stations depuis leur mise en place, mais quelque chose change petit à petit entre les années 1960 et 1980 dans le sens d'une plus grande considération et de davantage d'échanges. Certains travailleurs deviennent eux-mêmes des biologistes, intégrant alors le cercle restreint des personnages principaux de l'histoire des sciences et rendant inévitable leur reconnaissance par les historiens, tandis que d'autres contribuent autrement à la vitalité scientifique de chaque lieu. Le court développement qui va suivre présente des éléments qui touchent directement ou indirectement à la construction et à la circulation des savoirs en primatologie à travers le prisme de trois modes d'interaction entre les habitants des stations et ceux des pays où celles-ci s'enracinent.

### 1. Travailler pour et travailler avec : employés et chercheurs africains dans la station de Makokou

Le centre d'Ipassa est construit par des Africains. En fait, pour la tranche de travaux qui s'étale de 1968 à 1971, trois Français sont cités : le « chef des travaux » M. Nouailles, l'architecte du CNRS M. Greco chargé de réaliser les plans et M. Ambert recruté en tant que mécanicien ; mais ce sont 70 Gabonais « appartenant à tous les corps de métiers (charpentiers, soudeurs, etc.) », dont « plusieurs sont d'anciens employés de la SOMIFER de Bélinga », qui effectuent la majeure partie du travail[12]. Une fois la station active, du personnel technique et d'entretien s'y rend chaque jour, mais ne réside pas sur place, ce qui veut dire que ce sont nécessairement

[12] Compte-rendu de la mission du conseiller culturel de l'ambassade de France dans l'Ogooué-Ivindo du 5 au 08/12/1970.
CADN ; 364PO/1 ; 312 ; « CNRS. Laboratoire de primatologie et d'écologie équatoriale de Makokou. 1967-80 »

des habitants des environs. En outre, nous savons qu'au sein de cette équipe se trouve un cuisinier qui prépare les repas des chercheurs[13]. Le clivage entre les Français qui dirigent le chantier ou mènent des investigations et la main-d'œuvre anonyme semble assez évident, mais ne peut pas être mis uniquement sur le compte d'une relation post ou néocoloniale – pour cela il faudrait notamment s'intéresser aux écarts de salaires entre Blancs et Noirs – puisque les tâches effectuées par tous ces travailleurs subalternes sont bien effectuées également à Paimpont par des homologues bretons. En effet, on s'adresse à des entreprises locales pour la construction de la station française. Pour le gros œuvre par exemple, 4 sociétés sont mises en concurrence : l'entreprise A. Allain à Auray, la Société armoricaine d'entreprises générales à Vannes ainsi que les entreprises Peniguel à Dinan et Ducassou à Lorient. Allain remporte l'appel d'offres[14]. Mis à part le gardien pour qui est prévu un logement[15], les autres membres du personnel non scientifique n'ont apparemment pas la possibilité de vivre sur les lieux et ne peuvent là encore venir que des alentours.

La dimension véritablement africano-coloniale de la situation s'entrevoit mieux dans le cadre du travail en primatologie. Des auxiliaires locaux sont employés pour appuyer les primatologues à Makokou et la façon dont cela est relaté est assez significative. Dans le court documentaire de 1986 que nous avons déjà évoqué, le vétérinaire français est présenté avec son grade, son prénom et son nom. Il est le docteur Jean-Pierre Hugot. On explique qu'il est attaché au CNRS. Son binôme, qui est vraisemblablement gabonais, fait l'objet d'un tout autre traitement : il est l'« assistant du docteur » et, surtout, s'appelle simplement François. Sa première tâche est de nettoyer une grande bassine et d'y préparer de la bouillie pour les animaux. Dans le générique de fin, le premier est cité parmi les personnes à remercier

---

[13] IRET/ECOTROP (CNRS) (1987), *op. cit.*, p. 10.

[14] Rapport de présentation de la commission consultative des marchés datant au plus tôt d'octobre 1964.
ADIV ; 261W114 ; « Appel d'offres 1964-1965 »

[15] ADIV ; 261W114 ; « Programme pédagogique (provisoire) 1962 »

contrairement au second[16]. Par ailleurs, nous constatons une tendance à humaniser les singes et ce dès l'introduction qui met en avant les « chimpanzés saltimbanques, les gorilles technocrates et donnant parfois l'impression d'avoir résolu la quadrature du cercle [...]. À l'un il ne manque que le complet-veston pour figurer sur la photo officielle, à l'autre le tablier de la soubrette pour faire la une des magazines ménagers[17] ». Malgré le ton bon enfant du récit, ces éléments de langage et de montage mis bout à bout font tout de même penser à une portion de l'histoire de Pastoria. Dans les années 1920 et 1930, les discours médiatiques, littéraires et scientifiques à son propos créent une « porosité des frontières entre humanité et animalité [...] toujours désavantageuses pour les Guinéens ». Plusieurs écrits tendent alors à humaniser les singes, lesquels pourraient être « éduqués » ou « civilisés », mais aussi à animaliser les Africains qui travaillent auprès des chimpanzés de l'Institut Pasteur, en alimentant l'ambiguïté sur leur place parmi eux[18]. Restons-en là pour ce qui est du discours et poursuivons en nous recentrant sur les pratiques des scientifiques. Les assistants africains sont largement absents des communications des chercheurs de Makokou que nous avons étudiées. Dans la plupart des articles que nous avons consultés, nous n'avons pas trouvé de trace de leur présence. Pourtant celle-ci se devine grâce à leur apparition soudaine dans certains documents. C'est ainsi que dans le rapport de Gautier de 1969, plus précisément sur une photo montrant des pièges posés par les chercheurs, un homme noir apparaît sans être nommé ni même mentionné[19]. En 1973, après avoir remercié le gouvernement gabonais, le CNRS, Grassé et Brosset qui ont tous rendu possibles ses recherches sur l'alimentation des chimpanzés, Hladik écrit : « La collaboration du personnel local nous a été des plus précieuses

[16] Devez Alain (1986), *op. cit.*
[17] *Ibid.*, 0 min 52 s.
[18] Leblan Vincent (2018), *op. cit.*, p. 402-406.
[19] Rapport de Jean-Pierre Gautier au recteur du 06/03/1969. ADIV ; 243W58 ; « Élevage des cercopithèques »

et c'est avec plaisir que nous mentionnons le nom d'Augustin MOUNGAZI, aussi habile sur le terrain qu'au laboratoire[20] ».

Moungazi, ici reconnu comme acteur compétent du travail scientifique, figure à nouveau au sein d'une équipe en 1984 dans le cadre d'un projet du CENAREST intitulé « Étude d'un écosystème forestier. La réserve de la biosphère d'Ipassa (Makokou) » qui inclut l'étude du sol, des invertébrés du sol et de la végétation. Le groupe comprend 3 Gabonais et 2 Français. Les Gabonais sont M. Moutsinga, ingénieur agronome et titulaire d'un DEA de pédologie passé à l'ORSTOM, Alfred Ngoye, titulaire d'un DEA d'écologie végétale de l'université de Montpellier et Moungazi qui possède un diplôme de technicien botaniste. Les Français sont M. Ph. Walter, professeur de zoologie à l'université nationale Omar Bongo (UNOB) et Charles Doumenge, titulaire d'un DEA d'écologie végétale validé à Montpellier. Moungazi et Doumenge sont basés à Makokou, les autres à Libreville. Enfin, des travailleurs temporaires, originaires de Makokou, doivent être embauchés pour le défrichage et le nettoyage des parcelles. Il n'y a donc plus d'un côté les scientifiques européens et de l'autre les ouvriers africains, des Africains pouvant désormais prétendre à des postes équivalents à ceux des universitaires de l'ancienne métropole[21]. Les nationalités, les villes de rattachement, les diplômes et les institutions que nous venons de citer forment un ensemble assez éloquent qui peut être considéré comme le résultat d'un processus.

Revenons sur deux grandes étapes de ce cheminement. La première correspond à la situation de l'immédiate postindépendance de la République gabonaise. À l'échelle de Makokou, on sent une dépendance claire vis-à-vis du savoir-faire scientifique français pour assurer le maintien de la station. C'est pourquoi, « pendant le trimestre que nous passons en France chaque année, notre élevage périclite faute de soins

---

[20] Hladik Claude Marcel (1973), *op. cit.*, p. 409.

[21] Projet de recherche du CENAREST à l'IRET du 24/01/1984.
CADN ; 364PO/1 ; 311 ; « P.F.T.F. N° 16. CENAREST. 1984. Étude d'un écosystème forestier. La réserve de la biosphère d'IPASSA (MAKOKOU) »

éclairés et nous devons consacrer une partie de notre séjour gabonais à rétablir ce qui a été compromis », écrit Gautier[22]. Le problème est en fait général et touche à des secteurs et à des infrastructures plus importantes : l'UNOB n'ouvre ses portes qu'en 1970 et est à ce moment très loin d'être en capacité d'assurer des cursus complets[23] ; le recours à des entreprises françaises est indispensable dans l'édification du complexe hydroélectrique de Kinguélé, essentiel dans l'électrification du pays, mis en service en 1973[24]. Sans parler du financement, le Gabon n'a pas les compétences suffisantes pour fonctionner sans aide extérieure dans les années 1960-1970. La seconde étape est à mettre en corrélation avec les différents accords franco-gabonais en matière de coopération scientifique et technique. Avec la mise en place de la nouvelle station à Ipassa en 1971, la possibilité d'organiser des stages pour des étudiants et des enseignants de l'UNOB est envisagée[25]. Quelques années plus tard, on lit dans les annexes de la convention de 1977 que le CNRS juge souhaitable, car formateur, que des étudiants en biologie de Libreville puissent être associés à des recherches à Makokou [26] . Le protocole d'accord dont découle ladite convention est d'ailleurs suivi d'effets dans la mesure où un « effort de formation des chercheurs gabonais est engagé » la même année, ce qui se concrétise par l'attribution de bourses à 9 stagiaires gabonais dans différents domaines entre 1977 et 1982. Grâce à cela, les étudiants concernés préparent un DEA

---

[22] Rapport de Jean-Pierre Gautier au recteur du 06/03/1969.
ADIV ; 243W58 ; « Élevage des cercopithèques »

[23] À propos, par exemple, du développement des études et de la recherche en histoire au Gabon, voir Gray Christopher (1994), « Who Does Historical Research in Gabon? Obstacles ti the Development of a Scholarly Tradition », *History in Africa*, 21, p. 413-433.

[24] Voir Lékoulékissa Rodrigue (2011), « L'aménagement hydroélectrique de Kinguélé : rôle et savoir-faire des entreprises françaises au Gabon (1947-1973) », *Outre-mers*, tome 98, n° 370-371, p. 195-204.

[25] Bulletin d'information n° 50 MPAC/G Février 1971.
CADN ; 364PO/1 ; 312 ; « CNRS. Laboratoire de primatologie et d'écologie équatoriale de Makokou. 1967-80 »

[26] Convention annexe au protocole d'accord entre le CENAREST et le CNRS datant probablement de 1977.
CADN ; 364PO/1 ; 313 : « Recherche France CNRS. Mission ECOTROP (1978-1988) »

en France ou bien effectuent des stages dans les instituts français de recherche[27].

## 2. Savoirs populaires et rôle des chasseurs en forêt gabonaise

L'arrivée d'Africains à des postes de chercheurs est tardive et limitée en comparaison du secteur politico-administratif qui est nécessairement touché par cette évolution dans les années et décennies qui précèdent l'indépendance, comme dans les autres colonies africaines[28], avec la constitution d'une nouvelle classe dirigeante capable de diriger la république. Elle est plus tardive encore dans le cas de l'*Amboseli Baboon Project* puisque Mututua est recruté en 1981, Serah Sayialel en 1989 et Kinyua Warutere en 1995. L'une des principales différences entre Amboseli et Makokou réside dans le fait que dans le premier cas il est question purement de primatologie[29] alors que dans l'autre c'est l'écologie forestière qui domine et semble s'éloigner de l'étude des comportements simiens. Quoi qu'il en soit, des chercheurs gabonais émergent et se rendent à la station au fur et à mesure que le Gabon gagne en autonomie. Ceci s'inscrit dans un paradoxe qui veut que cela soit rendu possible par la France, laquelle accompagne la construction du CENAREST et compense le manque de formation. L'« africanisation » du secteur scientifique et technique du pays sur le plan humain se fait donc en même temps que son « occidentalisation » sur les plans intellectuel, culturel, organisationnel ou encore méthodologique. Le savoir scientifique moderne, occidental, s'impose comme étant le plus légitime pour connaître et comprendre le monde naturel. C'est à partir de ces codes que se formalise le savoir sur le continent,

[27] Rapport de la mission de coopération de Libreville de juin 1982 sur la recherche scientifique au Gabon.
CADN ; 364PO/1 ; 310 : « Coopération en matière de recherche scientifique »
[28] À propos d'une dynamique similaire en Haute-Volta, voir Rey Guillaume (2011), *Les institutions politiques moose à l'épreuve de la situation coloniale*, Mémoire de master 2, Université de Rennes.
[29] Montgomery Georgina M. (2015), *op. cit.*, p. 115-122.

que s'« invente » l'Afrique en somme[30]. L'indépendance des colonies est marquée par la poursuite de l'expansion de la pensée scientifique française, expansion initiée lors de la conquête coloniale et qui, en insistant sur la « supériorité » de la science moderne des colons sur le savoir indigène, justifie alors la domination et l'œuvre « civilisatrice » des premiers[31]. Les savoirs locaux ne sont pourtant pas inexistants et sont même parfois reconnus. Ainsi, l'explorateur Henri Duveyrier parle dès 1864 des connaissances des Touaregs en matière d'astronomie[32] et, plus proche de nous et de notre sujet, le CENAREST a en son sein en 1982 un Institut de pharmacopée et de médecine traditionnelles (IPHAMETRA[33]). Les habitants de la région de Makokou possèdent quant à eux une connaissance propre de leur territoire et des êtres qui y vivent. C'est la confrontation mais aussi le dialogue entre les chercheurs de la station et leurs prédécesseurs et voisins que nous voulons questionner ici en termes d'usage de la forêt, d'échanges de savoirs et de collaboration scientifique.

Nombre de travaux à Makokou consistent à inventorier la faune et la flore. En botanique, 1 223 espèces sont répertoriées et font l'objet de publications entre 1964 et 1980. Ce nombre continue de grandir par la suite[34]. Les plantes sont désignées par un nom en français et un nom en latin mais les botanistes français ne sont pas les seuls à les avoir « découvertes » ni même à les nommer. Par exemple, la matacée lianescente ou *hypselodelphis violacea* est appelée *« npossa »* en bakota, *« djaba »* désigne la vitacée ou *cissus dinklagei*, l'*« etsiolo »* est l'olacacée ou *heisteria parvifolia*, le *« npoho »* est le nom des

---

[30] À ce sujet, voir Mudimbe Valentin-Yves (1988), *op. cit.*

[31] Sur le cas du développement de l'astronomie en Algérie, voir Soulu Frédéric (2016), *op. cit.*

[32] Henri Duveyrier (1864), *Les Touaregs du Nord.*
Mentionné par Soulu Frédéric (2016), *Ibid.*

[33] Rapport de la mission de coopération de Libreville de juin 1982 sur la recherche scientifique au Gabon.
Rapport de la mission de coopération de Libreville de novembre 1982 sur la recherche scientifique au Gabon.
CADN ; 364PO/1 ; 310 : « Coopération en matière de recherche scientifique »

[34] IRET/ECOTROP (CNRS) (1987), *op. cit.*, p. 13.

apocynacées ou *dichtyophleba stipulosa*[35] ... Ce savoir floristique paraît embrasser un large panel de végétaux, lesquels peuvent être utiles pour leurs fruits comestibles[36] ou encore pour la fabrication des pirogues comme le révèle une « rapide enquête auprès des plus vieux autochtones[37] ». Notons que ces termes en bakota sont connus de Hladik. Pour cela, il a dû les apprendre auprès du personnel de la station, de son assistant Moungazi, si on admet que celui-ci est originaire de Makokou, ou peut-être en interrogeant la population locale à l'extérieur, à moins qu'il n'ait consulté un dictionnaire[38]. Les contacts avec les habitants des alentours s'établissent aussi plus aléatoirement comme lorsque des piroguiers capturent et apportent à la station des singes de Brazza qui traversent l'Ivindo à la nage[39] ou que des chasseurs rapportent avoir tué des cercocèbes agiles en divers endroits[40]. Les Gabonais connaissent relativement bien leur forêt mais, sans de meilleures sources, nous ne pouvons nous hasarder à imaginer une sorte de « biologie » traditionnelle très élaborée au-delà de l'identification et de l'usage qui peut être fait des diverses espèces végétales et animales. Vivre dans une localité au cœur d'un environnement forestier ne rend pas innée la science de ce qui le constitue. Souvenons-nous des porteurs rwandais quittant leur village en 1967 pour accompagner Fossey loin dans la montagne. Ceux d'entre eux qui deviendront ses assistants manifestent au début de l'appréhension. De même, les bergers, les paysans et les braconniers ont l'habitude de parcourir les pentes des volcans mais les uns et les autres n'en savent pas beaucoup plus que l'Américaine sur les gorilles[41]. Quand des « collaborateurs

---

[35] Hladik Claude-Marcel (1973), *op. cit.*, p. 353-367.
[36] *Ibid.*, p. 370.
[37] *Ibid.*, p. 347.
[38] Nous ignorons si un tel dictionnaire existe mais nous savons qu'en 1962, par exemple, Deschamps publie une étude d'ethnohistoire sur les peuples du Gabon, pour laquelle il a été épaulé par de nombreux interprètes. Il n'est donc pas impossible qu'un lexique ou un outil de traduction, même limité, existe dans la bibliothèque de la station.
Deschamps Hubert (1962), *op. cit.*, p. 10.
[39] Gautier-Hion Annie, Gautier Jean-Pierre (1971), *op. cit.*, p. 70-71.
[40] Gautier Jean-Pierre, Gautier-Hion Annie (1969), *op. cit.*, p. 166.
[41] Fossey Dian (1983), *op. cit.*, p. 33-35.

autochtones » sont employés par Quris en 1972 et 1974 pour l'aider à déterminer les limites des domaines vitaux des bandes de cercopithécidés sur le bord de la Liboui, est-ce pour leur maîtrise du terrain et des techniques de pistage ou sont-ils formés par le Français pour qui le renfort d'une ou deux personnes, même non qualifiées, est indispensable pour localiser simultanément les groupes[42] ?

Directement et indirectement, négativement ou positivement, les chasseurs jouent un rôle important dans l'histoire de la primatologie franco-gabonaise pratiquée à Makokou. Nous l'avons évoqué à plusieurs reprises dans le présent travail, les singes sont beaucoup chassés dans la région. Ils représentent d'importantes sources de protéines au même titre que l'ensemble des mammifères qui partagent le même sort. La modernisation de la chasse accentue les effets du phénomène : « étant donné l'accroissement du nombre de fusils, tous les gros mammifères se sont raréfiés autour des villages et même jusqu'aux alentours des campements temporaires de chasse où la viande est boucanée pour être ramenée à dos d'homme ou en pirogue sur des itinéraires de plusieurs jours. » La raréfaction des singes va de pair avec les comportements discrets, craintifs et de fuite de ces derniers[43]. L'accessibilité des animaux pour l'observation directe dépend ainsi en partie de la pression de la chasse, laquelle varie d'un point à l'autre de la forêt : autour de Ntsi-Belong, tous les singes sont « extrêmement » chassés à l'exception du talapoin, ce qui conduit à une surreprésentation de cette espèce en nombre de rencontres avec les primatologues par rapport aux autres espèces qui sont décimées. En fait, plus la concentration humaine est importante, plus le talapoin prend de l'importance relativement aux espèces plus grandes qui tendent à disparaître[44]. Ceci étant dit, les chasseurs sont en même temps les auxiliaires des chercheurs. Ils sont mis à contribution sur le long terme pour la collecte des estomacs dont le contenu intéresse notamment Gautier-Hion :

---

[42] Quris René (1976), *op. cit.*, p. 184.
[43] Hladik Claude Marcel (1973), *op. cit.*, p. 343.
[44] Gautier Jean-Pierre, Gautier-Hion Annie (1969), *op. cit.*, p. 166-168 et 180-181.

> Containers with 10 % formalin were distributed to the villages. Hunters fixed in them the stomach and the head of each monkey killed. As no incentive was offered to encourage hunting, collection of the 214 stomachs which are the object of this analysis was protracted over 10 years before it was possible to have a sufficiently large sample. Only the stomachs of adults and sub-adults were obtained since hunters only killed the biggest animals[45].

Cet extrait est particulièrement intéressant parce qu'il rassemble en quelques lignes plusieurs aspects d'un mode de relation entre résidents de la station et villageois. En effet, on voit combien la primatologue fait confiance aux chasseurs pour effectuer des gestes techniques dont dépend la viabilité des échantillons et donc la fiabilité de son enquête et combien la chasse est utile à son travail autant qu'il est nécessaire de ne pas trop l'encourager, quitte à patienter de longues années avant d'obtenir un résultat valable scientifiquement. Le même dilemme se pose pour l'élevage dont la nécessité est affichée pour l'observation tout en reposant au départ, entre autres, sur la possibilité de se procurer des « bébés pris sous le ventre de leur mère tuée par les indigènes[46] ».

---

[45] Gautier-Hion Annie (1980), *op. cit.*, p. 238.
Traduction personnelle : « Des conteneurs avec 10 % de formol ont été distribués dans les villages. Les chasseurs y ont fixé l'estomac et la tête de chaque singe tué. Aucune incitation n'ayant été offerte pour encourager la chasse, la collecte des 214 estomacs qui font l'objet de cette analyse a duré plus de 10 ans avant qu'il soit possible de disposer d'un échantillon suffisamment grand. Seuls les estomacs des adultes et des sous-adultes ont été obtenus, les chasseurs n'ayant tué que les plus gros animaux. »

[46] Rapport de Jean-Pierre Gautier au recteur du 06/03/1969.
ADIV ; 243W58 ; « Élevage des cercopithèques »
Le savoir des Marocains est également utilisé par Herrenschmidt pour localiser et capturer des magots, la différence étant que ce dernier leur tire des fléchettes narcoleptiques.
Hoenen Laure (2014), *op. cit.*, p. 22-23.

### 3. La station de Paimpont, la vulgarisation et la vie locale

Les stations sont des lieux de production du savoir et nous avons vu que ce savoir peut circuler à l'intérieur de la communauté scientifique, mais également déborder de ce seul cadre. La transmission externe s'oriente vers les biologistes en puissance que sont les étudiants, mais aussi, dans le cas breton, vers le reste de la société. On observe une volonté de faire connaître la station, le travail qui y est fait et de rendre des connaissances et des pratiques accessibles dans un cadre plus informel et plus ouvert que celui de l'Université. La première courroie de cette transmission est journalistique. En effet, la presse écrite régionale propose quelques articles généraux sur la station biologique, nous en avons cité plusieurs. Cela commence avant même la fin des travaux[47]. Nous avons aussi déjà eu l'occasion de mentionner le reportage *Quelques pas dans la forêt* réalisé pour le compte de l'émission télévisée *Portrait de l'univers* en 1973. Les singes et la primatologie sont absents de ce dernier dont l'objet est de couvrir la question de la forêt de Brocéliande. Il en va de même dans un article de 1970 de *Bretagne Dimanche* qui évoque cela dit l'éthologie[48] alors qu'en 1977, à la faveur d'un article de *Ouest France*, l'étude des singes du Gabon élevés sur place figure bien dans la liste des activités[49]. À partir des années 1980, des opportunités sont proposées au public de savoir plus directement et plus concrètement ce qui se passe dans l'enceinte du « monastère moderne ». Une première journée « portes ouvertes » se tient le samedi 12 février 1983. Au programme : visite des laboratoires et des élevages, rencontre des chercheurs qui sont amenés à parler de leurs travaux, discussions sur la forêt et ses différents usages ou encore projection de films. Parmi les « expériences »

---

[47] Montaron R. (1966), « Ermites de l'eau et de la forêt… 90 élèves de la faculté des sciences étudieront bientôt la biologie à Paimpont », *Ouest France* du 24/02/1966.
ADIV ; 261W120

[48] Lefeuvre J.-C. (1970), *op. cit.*

[49] Crusson Joël (1977), *op. cit.*

qui doivent être présentées, « les plus spectaculaires concerneront peut-être la communication chez les singes du Gabon[50] ». D'autres éditions suivront en s'étalant sur deux jours dès 1984. En 1988, l'affluence est si importante – plus de 5 000 personnes – que des visiteurs ne parviennent pas à entrer[51].

Des relations plus complexes que cela se créent à la fin des années 1970 entre la station de Paimpont et les habitants des environs. En 1976, un incendie ravage près de 1 350 hectares de landes sur le massif de Brocéliande. La région Bretagne convoque alors une réunion qui a lieu en mairie de Paimpont entre responsables politiques locaux et régionaux. Les chercheurs de la station sont invités en tant qu'« auditeurs ». Paul Tréhen, qui en est à ce moment le directeur, prend la parole pour montrer son désaccord avec le plan qui est proposé et qui se concentre sur des problèmes d'aménagement et d'augmentation du nombre de chemins d'accès pour les pompiers, ce qui revient à « prépare[r] le prochain incendie », dit-il. Il explique comment les incendies se déclenchent par cycles de six à dix ans en fonction de l'accumulation de matière organique sur la lande qui repousse après chaque incendie. En somme, il prédit les incendies à venir qui se déclarent effectivement en 1984 et 1990. Paul Anselin, qui deviendra maire de Ploërmel l'année suivante, est sensible à son discours et une collaboration s'engage entre le scientifique et le futur élu morbihannais[52]. En 1977, Anselin et Tréhen rencontrent Henri Thébault, Marie-Joseph Bissonier et Francis Morice, respectivement maires de Mauron, Plélan-le-Grand et Néant-sur-Yvel. Ils se lancent dans la fondation de l'Association de sauvegarde du Val sans retour qui voit finalement le jour en 1979. En 1980, le Val devient un lieu important pour la recherche scientifique grâce à la bonne entente entre l'association et les universitaires. Proposé par Tréhen en

---

[50] Ouest France (1983), *op. cit.*

[51] Chapitre « La station biologique, outil de communication scientifique », dans *Encyclopédie de Brocéliande* (EB) (2016-2018b), *op. cit.*

[52] *Ibid.*, chapitre « 1976 : l'incendie et ses conséquences sur la recherche fondamentale »

réunion, un plan d'étude portant sur la topographie, la géologie, l'hydrobiologie, la végétation et la dynamique des milieux est par exemple lancé et implique des étudiants de la maîtrise des sciences et techniques « AMVR » dont le chercheur est aussi responsable. D'autres études sont menées sur les potentiels valorisables du site, sur les plans environnemental et économique, ou encore sur la remise en eau des étangs, dont le Miroir aux Fées. Des tensions se font jour rapidement entre cette association et une autre, créée la même année côté bretillien, celle des Amis du Moulin du Châtenay dont Tréhen est également membre et dont la base se trouve à Paimpont[53]. Celle-ci résulte de l'initiative de Paul Tréhen et Pierre Constant de restaurer le moulin du Châtenay, dont l'entretien est à la charge de l'université de Rennes 1 depuis 1972, pour en faire à terme un centre régional d'information et d'initiation à l'écologie. Une restauration partielle de ce moulin situé aux pieds des bâtiments de la station est réalisée en 1974 puis un projet prévoit d'y installer ladite structure, qui dépendrait de l'université et emploierait un animateur à temps plein, mais n'aboutit pas par manque de moyens. C'est dans ce contexte qu'émerge l'association en 1979 sous l'égide de laquelle se concrétise l'idée du centre.

> Cette association de bénévoles joue pendant plusieurs années un rôle d'éducation populaire et favorise la diffusion d'une culture scientifique en relation avec, entre autres, les chercheurs de la station biologique. Elle est un relais entre la population locale des communes de Brocéliande et la station, contribuant ainsi à la faire connaître.
>
> Grâce à l'intervention de Raphaël Favier, chargé de mission à l'université de Rennes 1, l'association des « Amis du Moulin du Châtenay » obtient une subvention du Conseil général d'Ille-et-Vilaine pour l'aménagement intérieur du moulin.
>
> Jean-Pierre Curtès, président de l'université de Rennes 1, signe en 1980 avec le président de l'association Patrick Lebrun, une convention d'utilisation à titre gracieux, laissant aux Amis du

[53] *Ibid.*, chapitres « 1979 : création de "l'Association de sauvegarde du Val sans retour et de Brocéliande" » et « 1980 : un nouveau "laboratoire" : le Val sans retour ».

> Moulin du Châtenay « la charge des dépenses de chauffage, d'électricité, d'eau et de téléphone (article 2 de la convention), l'université de Rennes se gardant toute possibilité d'accès dans les bâtiments (article 4) ».

On voit bien là la multiplicité des acteurs et comment des amateurs prennent en main ce projet dédié à leur propre éveil aux questions scientifiques. Bien que la première motivation soit celle d'universitaires désireux de diffuser leur savoir, la culture populaire s'y mêle comme en témoigne la nature des actions entreprises en 1981-1982 : « *fest-noz*, sorties thématiques, randonnées pédestres, expositions, soirées-débats, chantiers de fouilles ». Forte de 70 adhérents en 1981, l'association est surtout active jusqu'en 1984 avant de perdre de sa vitalité[54].

Il apparaît que le principal attrait de la station biologique est son environnement naturel. À cette période, la primatologie est donc une curiosité qui peut attirer l'attention, mais elle ne donne pas l'impression d'être un enjeu majeur pour les populations du territoire. Quoi qu'il en soit, les autres spécialités qui ont élu domicile à Paimpont, par le lien direct qu'elles ont avec un paysage familier pour nombre de Bretons, stimulent un réel dynamisme et la prise de conscience de l'importance de la vulgarisation scientifique, de la sensibilisation à la préservation d'un patrimoine commun – environnemental, mais aussi culturel – et de l'éducation populaire. Dans l'histoire des sciences naturelles, le fait pour des chercheurs d'établir un lien avec les habitants d'un écosystème donné n'est pas neuf. « Au début des études de biologie marine [...], le marché, l'étal des poissonniers et les discussions avec les pêcheurs représentèrent des sources précieuses de renseignements et d'approvisionnements pour le naturaliste. Carl Vogt (1817-1895) [...] ne tarit pas d'éloges lors de ses inspections de pêches proposées aux chalands du marché de Nice[55] ». Avec les journées portes ouvertes et en s'impliquant dans la vie associative, la station renoue ou prolonge une

[54] *Ibid.*, chapitre « 1979 : création de l'association des "Amis du Moulin du Châtenay" ».
[55] Fischer Jean-Louis (2002), *op. cit.*, p. 1-2.

tradition, mais il serait réducteur de nous en tenir à cela. Si le contact avec la population est vanté au XIX^e siècle, c'est parce que les ports sont des mines d'informations presque incontournables avant la naissance des premières stations maritimes. À Paimpont, il ne s'agit pas de recueillir des données, mais de faire connaître la station et la biologie, de transmettre un savoir à un « public » non initié. Le savoir des savants semble y bénéficier d'une plus grande légitimité que celui des « autochtones ». De plus, et ce n'est sans doute pas nouveau non plus dans l'histoire de l'éducation, on sent chez ces derniers, qui ont une connaissance pratique du milieu ou au moins de la curiosité pour celui-ci, un besoin de s'aménager des voies alternatives d'accès aux savoirs.

Mettre sur pied une station et s'y établir pour travailler implique pour les chercheurs un éloignement et un isolement important. Il s'agit là d'un trait constitutif de ce qu'est une station. Cependant, à moins qu'il ne s'agisse de s'aventurer dans une contrée absolument vide de toute autre présence humaine, ce qui n'est le cas ni à Makokou ni à Paimpont, cette vie à l'écart d'un certain monde conduit nécessairement au développement d'interrelations avec les habitants des territoires « colonisés », au sens littéral du terme, par l'entreprise d'exploration et d'installation scientifique. Les liens qui se tissent d'abord ne peuvent pas l'être sur une base égalitaire dans la mesure où les nouveaux venus peuvent compter sur des ressources financières conséquentes et sur l'appui d'un système étatique solide. Ils sont des employeurs au cœur de zones rurales. En outre, ils possèdent un pouvoir que leur confèrent leur savoir universitaire et leur maîtrise technique tandis que les savoirs et savoir-faire populaires sont pris en compte sans être grandement valorisés. Des éléments viennent se superposer à la situation initiale, complexifiant progressivement les rapports entre les uns et les autres. Ainsi, alors que le Gabon avance dans la conquête de sa souveraineté et se dote de ses propres organismes et programmes de recherche tout en s'alignant sur les standards français et internationaux, des scientifiques locaux émergent et prennent part aux activités de la station. Par ailleurs, les biologistes et autres primatologues trouvent en leurs voisins gabonais une source d'information et un support technique non négligeable et parfois indispensable pour la bonne menée de leurs travaux. Enfin, le site de Paimpont s'ouvre peu à peu au public et s'insère dans le tissu social local aux côtés des autres acteurs de la forêt...

Des années 1960 aux années 1980, les deux stations captent, concentrent, fabriquent, partagent et diffusent du savoir mais il est indiscutable qu'en l'espace de trois décennies le schéma connaît des mutations importantes. Il apparaît que les stations sont, à échelle réduite, à la fois le moteur et l'écho d'une évolution politico-socio-culturelle plus générale dans le sens d'un passage de la période coloniale à une autre période historique ainsi que d'une formalisation et d'une démocratisation des savoirs.

# CONCLUSION

Nous arrivons au terme de ce travail. Notre objectif était de mener une enquête historique sur le thème des stations en primatologie, plus exactement en nous concentrant sur l'étude de deux d'entre elles dont l'histoire n'avait pas, à notre connaissance, été écrite dans un cadre universitaire, en l'occurrence la station de Makokou, au Gabon, laquelle a porté successivement plusieurs noms – Mission biologique, Laboratoire de primatologie et d'écologie équatoriale, Institut de recherche en écologie tropicale – et la station biologique de Paimpont au sein de laquelle des singes élevés dans la première ont été installés à la fin des années 1960. Nous nous en sommes tenu à l'examen d'un peu moins de trois décennies – 1962-1989 – qui sont les premières à l'échelle de l'histoire desdites stations. Nous posions un certain nombre de questions en introduction auxquelles nous avons répondu à la hauteur des données que nous avons été capables de trouver et d'analyser. Pour mettre en évidence le fruit de nos recherches et de nos réflexions, nous avons construit notre récit sur la base de quatre parties principales. Dans un premier temps, nous avons établi que l'implantation de chaque station se fait à quelques années d'intervalle dans des contextes géographiques et politiques aussi différents que peuvent l'être la campagne bretonne à portée de voiture d'une ville universitaire et l'intérieur d'une ancienne colonie française à peine indépendante, mais que les similitudes sont réelles : ce sont des structures de recherche publiques françaises en biologie, pensées dans la continuité d'une tradition naturaliste au cœur d'environnements forestiers qui se caractérisent par leur remarquable biodiversité. L'étude des primates se développe d'abord du côté gabonais d'où un certain nombre d'espèces sont endémiques avant qu'un élevage ne soit déménagé dans la station paimpontaise sur demande des primatologues en poste à Makokou et qui travaillent à partir de ce moment dans les deux pays. La situation évolue au rythme de la sortie du Gabon du seul giron français. Notre deuxième partie a consisté en une tentative de relier l'histoire de nos stations à celle plus générale de la primatologie française. Pour cela, nous sommes remontés assez loin en arrière et avons constaté que les savants de la fin du XIXe siècle et du début du XXe siècle s'intéressent aux singes et surtout aux grands singes dans une démarche comparative qui répond aux questions qu'ils semblent se poser avant tout sur la nature humaine. Par la suite et petit à petit, sans toutefois gommer ce premier héritage, une tradition issue de la zoologie s'impose dans les sciences du comportement animal et voit émerger des figures comme Annie Gautier-Hion, première primatologue de la MBG et de Paimpont. Cette dernière exemplifie la réalité d'une époque où la primatologie se modernise, se féminise, se médiatise et opère *de facto* une large synthèse entre anthropologie, behaviorisme, éthologie, biologie évolutive, écologie... Dans un troisième axe, le plus volumineux, il était question de décortiquer les conditions de vie et de travail dans nos stations. Cela nous a permis de nous arrêter sur le fait que celles-ci sont des lieux de résidence pour des chercheurs de diverses spécialités, mais aussi pour des singes de plusieurs espèces maintenus en captivité pour les besoins de la science. Elles s'insèrent également dans des réseaux d'échanges de savoirs qui connectent entre elles des équipes de plusieurs continents dont le travail collaboratif permet un gain d'efficacité dans l'élaboration de la connaissance sur les cercopithécidés. Il s'est ensuite agi d'examiner les techniques et les méthodes d'observation des singes gabonais sur le terrain, lesquelles n'ont pas d'autre choix que de faire preuve d'ingéniosité au regard des nombreuses contraintes dues au milieu naturel et aux modes de vie des troupes étudiées. Le traitement des informations recueillies tend vers une certaine « mathématisation » qui a pour rôle d'affiner les résultats et de les comparer tout en constituant une garantie de « scientificité » pour les primatologues. La difficulté de l'observation dans la nature rend nécessaires le recours au travail de laboratoire et le maintien en captivité de singes, ce qui a pour conséquence de faire avancer encore les recherches tant sur le plan quantitatif que qualitatif. Terrain et laboratoire ne s'opposent donc pas, mais se complètent et la station est l'entité qui matérialise et concrétise au sein d'un même espace cette entente entre deux choix méthodologiques théoriquement antagonistes. Une courte quatrième partie a été l'occasion de ne pas passer à côté de la prise en compte des populations locales, lesquelles fournissent de la main-d'œuvre et assistent certaines activités de recherche. Elles sont aussi un indicateur de l'état du processus de décolonisation du Gabon qui peine à construire un secteur scientifique, mais finit par voir quelques-uns de ses ressortissants accéder à des niveaux de diplôme et à des postes durant la décennie qui suit la nationalisation de la station de Makokou. Par ailleurs, à Paimpont, elles insèrent les chercheurs dans un contexte social local complexe qui regroupe scientifiques, élus et simples voisins autour d'actions de défense et de valorisation des patrimoines naturels et culturels.

Le présent travail est incomplet à bien des égards. Le temps dont nous disposions nous a en effet conduits à faire des choix thématiques, chronologiques et méthodologiques. Le dépouillement de nos sources nous a aussi naturellement incités à privilégier certaines pistes d'investigation et d'analyse plutôt que d'autres. L'une des lacunes importantes réside dans le fait de nous être cantonnés presque exclusivement à ce que nous savons faire le mieux, c'est-à-dire coller à des documents écrits archivés ou publiés quand, dans certains cas, la menée d'une série d'entretiens oraux avec des acteurs de l'époque ou avec leurs successeurs auraient peut-être permis d'apporter un éclairage différent et surtout de combler certains vides. Comme nous l'avons également évoqué en introduction, un voyage au Gabon et une visite des lieux à Paimpont n'étaient pas indispensables pour comprendre la réalité factuelle d'une période révolue bien que proche de nous. Néanmoins, et c'est là que se trouve le principal manque, cela aurait contribué à nous imprégner d'une ambiance et à mieux imaginer, en faisant appel à tous nos sens, ce à quoi pouvait ressembler nos objets d'étude. Les quelques photographies et surtout les rares documents audiovisuels que nous avons consultés ont d'ailleurs précieusement enrichi notre perception de l'histoire des deux stations mais il serait possible d'exploiter davantage ce type de sources en en faisant un commentaire et une interprétation plus élaborée.

Sur le fond, les possibilités d'approfondir ou d'élargir notre sujet ne manquent pas. On pourrait envisager notamment d'explorer plus avant le terrain sur lequel se constitue la primatologie française pour tenter de mieux comprendre le lien entre celle-ci et l'entomologie, laquelle domine longtemps le milieu des chercheurs du comportement au niveau national et dont deux représentants, Grassé et Richard, font des choix déterminants pour les carrières de plusieurs de ceux qui deviennent les rares spécialistes des singes en France dans les années 1960. De même, les ponts avec l'ornithologie, peut-être déjà mieux connus, ont un certain attrait. On peut aussi penser une réflexion plus internationaliste de l'histoire des stations de primatologie, sous forme d'une cartographie de leur articulation à grande échelle avec les terrains d'observation, les laboratoires, les universités et autres lieux d'exercice de la discipline ; ou bien simplement à l'écriture de l'histoire de la primatologie dans une région, un pays ou un continent afin de compléter un tableau général bien loin d'être achevé, suivre son évolution en Occident, mais aussi dans le reste du monde et en particulier là où les primates non humains sont endémiques et font concrètement partie du contexte culturel... Dans le but d'éviter une longue énumération d'idées, nous nous limiterons à l'explication de quelques axes de recherche que nous n'avons pu traiter ici, mais qui mériteraient de l'attention, à la fois pour eux-mêmes et pour renforcer l'analyse que nous avons produite.

### *Les primatologues et les stations de Paimpont et Makokou à partir des années 1990*

La somme de quelques faits qui se déroulent durant les trois décennies qui suivent les trois que nous venons de parcourir nous amène à souligner l'intérêt qu'il y aurait à y creuser la question des continuités de plusieurs dynamiques enclenchées sur notre période, et éventuellement les ruptures et changements de cap. Tout d'abord, Gautier-Hion se projette sur d'autres terrains et exporte le principe de « station » : en 1989, elle établit avec Marc Colyn, l'un des co-auteurs de *A primate radiation*[1], un nouveau site d'observation dans le parc national de Salonga, au Zaïre, avant de renoncer à cause de la situation politique du pays ; elle crée ensuite une station de recherche à Makandé, dans la « forêt des abeilles » au Gabon[2]. Par ailleurs, les primatologues paimpontais diversifient leurs travaux : « Parallèlement aux études entreprises en Afrique centrale, une étude à long terme est entreprise en Afrique du Nord (Algérie et Maroc) sur la socioécologie du magot (*Macaca sylvanus*) par Nelly Ménard, chercheur CNRS de notre équipe. Cette étude toujours en cours donnera lieu à un colloque international à Gibraltar en 1993, regroupant tous les chercheurs travaillant sur cette espèce[3] ».

Les actions de vulgarisation se diversifient elles aussi. Gautier-Hion, Colyn et Gautier publient, en 1999, l'*Histoire naturelle des primates d'Afrique centrale* qui se veut un « manuel d'identification » de 26 espèces largement illustré de cartes, d'aquarelles et même d'un CD de leurs principales vocalisations. De 2005 à 2008, trois expositions sont organisées par Gautier-Hion sur le thème des gorilles[4]. En 2006, en complément de l'une d'entre elles à l'espace des sciences de Rennes, elle publie le petit livre *Les gorilles* dans lequel se trouvent de nombreuses photographies et qui présente dans un langage facile d'accès les résultats de 10 années de travail de son équipe au Congo-Brazzaville[5]. Les journées « portes ouvertes » se multiplient[6], ce qui nous amène à poser la question du rôle que peut jouer sur l'éducation scientifique du public, et sur l'image des singes dans notre société, l'habitude qui s'installe de pouvoir voir des singes dans ce cadre. On sait,

---

[1] Gautier-Hion Annie *et al.* (1988), *op. cit.*, p. VII.

[2] Gautier Jean-Pierre *et al.* (2013), *op. cit.*

[3] Gautier Jean-Pierre (2018), *op. cit.*

[4] Gautier-Hion Annie, Colyn Marc C., Gautier Jean-Pierre (1999), *Histoire naturelle des primates d'Afrique centrale*, Ecofac Éditions.
Cité par Gautier Jean-Pierre (2012), *op. cit.*, p. 5-6.

[5] Gautier-Hion Annie (2006), *op. cit.*, p. 2.

[6] *Encyclopédie de Brocéliande* (EB) (2016-2018b), *op. cit.*

par exemple, que les zoos européens ont été des vecteurs importants de la diffusion du darwinisme, en lien avec un changement dans la façon de voir les grands singes, à la fin du XIXe siècle[7].

En 1990 à Paimpont, un nouvel incendie se déclare sur la lande de Gautro et détruit plus de 430 hectares de landes et de forêt. La réaction des autorités, mais aussi de grandes entreprises est importante et une réunion exceptionnelle se tient à la station biologique, engageant cette dernière dans le développement de nouvelles relations avec les acteurs locaux pour les années suivantes. Un comité technique pour la gestion des zones à risques est mis en place la même année à la demande du préfet de région. Il est piloté par le Service régional de la forêt et du bois et intègre des chercheurs de la station qui feront force de proposition dès 1991-1993 pour des actions opérationnelles et expérimentales[8]. Il serait aussi intéressant de voir quel est le devenir de la station de Makokou dans le domaine de la protection de l'environnement en mettant la focale sur le plateau d'Ipassa, classé en « réserve naturelle intégrale » dès 1971[9], au-delà des années 1980.

*Deux questions d'épistémologie*

Ce texte s'inscrit dans le cadre d'une recherche en histoire des sciences, mais nous avons mené celle-ci dans une optique que nous qualifions de « généraliste » et que nous voulons proche de celle de l'histoire « tout court » défendue par Lucien Febvre[10]. Nous avons pensé l'histoire de la biologie, et plus

---

[7] Hochadel Oliver (2010), *op. cit.*

[8] *Encyclopédie de Brocéliande* (EB) (2016-2018b), *op. cit.*

[9] Note sur le Conseil des ministres 05/01/1971.
CADN ; 364PO/1 ; 312 ; « CNRS. Laboratoire de primatologie et d'écologie équatoriale de Makokou. 1967-80 »

[10] « […] il n'y a pas d'histoire économique et sociale. Il y a l'histoire tout court, dans son unité. L'histoire qui est sociale tout entière, par définition. L'histoire que je tiens pour l'étude scientifiquement conduite, des diverses activités et des diverses créations des hommes d'autrefois, saisis à leur date, dans le cadre des sociétés extrêmement variées, et cependant comparables les unes aux autres (c'est le postulat de la sociologie), dont ils ont rempli la surface de la terre et la succession des âges ».

précisément de la primatologie, comme une branche de celle-ci, faisant de la science un objet de recherche avant tout, car elle est une activité humaine parmi les autres et les scientifiques des humains parmi les autres. Des deux termes de notre sujet, c'est bien « stations », lequel renvoie à des lieux où les relations sociales sont incontournables, qui est le point de fixation autour duquel s'articule l'ensemble de notre raisonnement et canalise notre questionnement sur la primatologie. Les études de cas sont la véritable matière de notre travail. Si l'on grossit le trait, celui-ci n'est qu'une double monographie « thématisée », « problématisée » grâce à ses connexions avec les multiples autres histoires qu'elle sert à illustrer. En déplaçant le curseur pour positionner le mot « primatologie » comme point central, une autre approche serait tout aussi valable. L'orientation d'un Georges Canguilhem vers une histoire des concepts pour rendre compte du processus de construction du discours scientifique ne manque pas d'intérêt[11] et, dans une certaine mesure, une partie de l'histoire de la primatologie peut s'entendre ainsi à partir de concepts liés entre autres à la démarche expérimentale. Les titres de plusieurs chapitres de *Primates in the real world* illustrent ainsi une réflexion qui suit aussi bien un fil chronologique que « conceptuel ». Montgomery y souligne un questionnement fondamental sur ce qu'est un comportement « naturel » ou sur ce qu'est l'« objectivité » et montre comment discours et pratiques évoluent dans le temps à ce sujet[12]. Il est possible qu'en ayant recours à des notions qui sont peut-être des « concepts », nous ayons en fait effleuré cette idée sans en avoir pleinement conscience.

---

Febvre Lucien (1943), « Propos d'initiation : vivre l'histoire », *Mélanges d'histoire sociale*, n° 3, p. 6-7.

[11] Canguilhem Georges (1977), *Idéologie et rationalité dans l'histoire des sciences de la vie*, Paris, Vrin, 2009, p. 14.

Canguilhem George (1968), « L'objet de l'histoire des sciences », *Études d'histoire et de philosophie des sciences concernant les vivants et la vie*, Paris, Vrin, 1994, p. 17.

[12] Voir la table des matières de Montgomery Georgina M. (2015), *op. cit.* :

Chapitre 2 « Control, Repetition, and Objectivity: Turning Field Observation into a Science ».

Chapitre 3 « Capturing natural behavior: Changing Definitions of "Natural" in Mid-Twentieth-Century Primate Studies ».

Une autre question épistémologique passionnante reste ouverte : qu'est-ce que la primatologie ? Nous l'avons bien sûr abordée, mais seulement en partie traitée, notamment sous l'angle des origines et des filiations qui ont contribué à donner naissance à la primatologie moderne. Cela nous a semblé utile pour visualiser ce cheminement sur le long terme et par conséquent y situer le plus précisément possible les stations de Makokou et de Paimpont. À travers les actes des primatologues, nous avons vu que la primatologie, telle qu'elle existe dans la seconde moitié du XX^e siècle en France, est une spécialité de l'éthologie qui fait elle-même partie de la biologie. Les méthodes, en particulier pour traiter les données et mettre en forme les résultats, mettent en évidence une volonté d'affirmer l'appartenance de la discipline aux sciences « exactes ». Cela dit, la problématique qui lui est constitutive et sa démarche de base, à savoir le comportement animal et l'observation de groupes vivants, en font à notre avis tout autant une science sociale. La limite entre les deux se résume finalement aux limites de l'humanité, qui placent les sciences humaines à part, or les certitudes à leur propos sont justement ébranlées par des primatologues au fur et à mesure que les connaissances sur les primates progressent, à l'instar de celles sur la préhistoire humaine.

*Singes et lémuriens du Gabon : possibles agents*[13] *d'une histoire animale ?*

Il est un courant dans l'historiographie récente que nous avons mentionné en introduction comme une référence dans nos lectures, il s'agit de l'« histoire animale ». D'un point de vue philosophique, s'accorder avec les historiens qui en font la promotion implique une modification radicale de la définition de l'histoire qui jusqu'à une date récente ne s'intéresse qu'aux seuls humains et relègue les animaux au rang d'objets ou d'éléments de décor. Cependant, cela ne signifie pas tant s'opposer rigoureusement à l'École des annales que repousser

[13] La reconnaissance d'une « agentivité » correspond à la reconnaissance d'un « statut d'acteur ».
Guillo Dominique (2015), *op. cit.*, p. 135-136.

les bornes du champ historique. C'est l'occasion pour nous de citer une dernière fois Montgomery qui là encore tient un discours compatible avec le principe d'une telle histoire. Dans les dernières lignes de son ouvrage de 2015, elle déclare : « *There is no doubt that we are truly part of the animal kingdom.* [...] *As a historian of primatology, I have come to understand I am a truly a primate observing primates observing primates*[14] ». Si nous sommes tous des primates et que les humains peuvent être les sujets de l'histoire, pourquoi les autres ne pourraient-ils pas l'être aussi ? Et finalement, pourquoi pas tous les animaux ? On voit bien que la porosité entre monde animal et monde spécifiquement humain permise par la primatologie, à travers un monde simien intermédiaire, s'étend tout à fait logiquement à l'histoire de la primatologie et qu'une fois la frontière ouverte le débat ne peut pas être refermé aisément à moins de trouver un nouveau critère excluant les non-humains des possibilités de l'histoire[15].

Dans plusieurs chapitres, nous avons effectivement voulu travailler le rapport des humains aux singes, mais sans aller jusqu'à faire de l'histoire simienne. Cela dit, une autre utilisation de nos sources rendrait cette tâche réalisable. Il y a évidemment l'« histoire naturelle », l'histoire évolutive qui

---

[14] Montgomery Georgina M. (2015), *op. cit.*, p. 129.
Traduction personnelle : « Il ne fait aucun doute que nous faisons vraiment partie du règne animal. […] En tant qu'historienne de la primatologie, j'ai fini par comprendre que je suis vraiment un primate qui observe les primates qui observent les primates ».

[15] Revenir en arrière sur ce point serait probablement vain tant les arguments des sciences sociales et de la philosophie sont solides.
« On ne contestera pas […] que le principe d'une séparation radicale entre nature et culture doit être abandonné : il est aujourd'hui impossible, sinon au prix de raccourcis qui rendent le discours stérile, de considérer que les animaux sont des choses, séparées radicalement et intégralement des humains. »
Guillo Dominique (2015), *op. cit.*, p. 136.
« […] l'humanisme métaphysique range le chimpanzé plus près du ver de terre sous prétexte que ni l'un ni l'autre n'ont rien du propre de l'homme. Le travail des primatologues et des paléoanthropologues montre aujourd'hui que le propre de l'homme s'inscrit dans une trame évolutive qui s'appuie sur une multitude de liens encore vivants. La philosophie ne peut plus l'ignorer. »
Fontenay Elisabeth (de) (2001), « L'exproprié : comment l'homme s'est exclu de la nature », dans Yves Coppens, Pascal Picq (dir.), *op. cit.*, p. 480.

donne des indications importantes pour établir des chronologies grossières des mouvements et des établissements des cercopithécinés forestiers sur le temps long. Pour l'histoire plus récente, et sans atteindre l'ampleur de la *Babase database* d'Amboseli, les travaux de recherches des primatologues français suffisent à documenter largement des pans entiers de la vie de plusieurs groupes de singes. Ces sources qui nous ont permis de retracer l'histoire humaine des stations de Paimpont et Makokou sont pleines de « traces » animales [16]. Certes lacunaires, ces données sont suffisantes pour s'essayer à la mise en intrigue de plusieurs moments de la période 1962-1989 en suivant l'exemple de ce qui peut se faire en histoire de la médecine à travers l'analyse des *« traces [the animals] left on the historical record: from the immediate material remains of diseased animal bodies, to the narratives, statistics and images that human investigators created from them, and the knowledges and practices that derived from analyses of these creations*[17] ». Nous n'avons eu accès qu'aux résultats de ces recherches, mais nul doute qu'un accès aux carnets de terrain et autres documents de travail étendrait encore le potentiel d'une telle étude, de même que la collecte des témoignages de scientifiques, de membres du personnel des stations en contact avec les animaux ou encore de chasseurs par exemple.

[16] Nous empruntons le terme à Benson qui parle d'*« Animal Trace »*.
Benson Étienne (2011), *op. cit.*

[17] Cassidy Angela *et al.* (2017), *op. cit.*, p. 15.
Traduction personnelle : « [des] traces [que les animaux] ont laissées dans les archives historiques, depuis les restes matériels immédiats de corps d'animaux malades jusqu'aux récits, statistiques et images créées par les chercheurs humains, et des connaissances et pratiques découlant des analyses de ces créations ».

# Annexe

| Famille | Sous-famille | Genre[1] | Espèce[2]* | |
|---|---|---|---|---|
| | | | Nom scientifique | Nom en français |
| *Cercopitheci-dae* | *Cercopitheci-nae* | *Cercocebus* | *C. albigena albigena*<br>*C. galeritus agilis* | Mangabey à gorge blanche<br>Cercocèbe agile |
| | | *Cercopithecus* | *C. mona grayi*<br>*C. pogonias grayi*<br>*C. cephus cephus*<br>*C. nictitans nictitans*<br>*C. neglectus* | Mone de Gray<br>Mone<br>Moustac<br>Pain à cacheter<br>Singe de Brazza |
| | | *Allenopithe-cus* | | |
| | | *Miopithecus* | *M. talapoin* | Talapoin ou singe des palétuviers |
| | | *Erythrocebus* | | |
| | | *Macaca* | *(M. sylvanus)*<br>*(M. tonkeana)*<br>*(M. fascicu-laris)* | (Magot)<br>(Macaque de Tonkean)<br>(Macaque de Java)[3] |
| | | *Papio*<br>*Theropitec* | | |
| | *Colobinae* | *Presbytis*<br>*Pygathrix*<br>*Nasalis*<br>*Colobus* | *C. polykomos* | Colobe magistrat |

[1] Source pour les 3 colonnes de gauche : Warter Lucile (2006), *op. cit.*, p. 24.

[2] Sauf autre indication, Gautier Jean-Pierre, Gautier-Hion Annie (1969), *op. cit.*, p. 166. Quris René (1976), *op. cit.*, p. 195.

[3] Hoenen Laure (2014), *op. cit.*, p. 21, 23 et 34.

| | | | | |
|---|---|---|---|---|
| | | Procolobus | abyssinicus C.abyssinicus occidentalis | Colobe guereza |
| *Hylobatidae* | | *Hylobates* | | |
| *Pongidae* | | *Pan*<br>*Pongo*<br>*Gorilla* | *P. troglodytes troglodytes*<br>*G. gorilla gorilla* | Chimpanzé[4]<br>Gorille de plaine de l'Ouest[5] |

**Tableau 7** : Classification simplifiée et équivalence des noms de singes « de l'Ancien Monde »

*À titre indicatif, les noms entre parenthèses désignent des espèces citées dans le texte mais qui ne concernent pas les primatologues de Makokou et Paimpont sur notre période.

[4] Hladik Claude Marcel (1973), *op. cit.*, p. 343.
[5] Gautier-Hion Annie (2006), *op. cit.*, p. 6-7.

# Sources

## Archives

a) Archives départementales d'Ille-et-Vilaine (ADIV)

ADIV ; 243W58 ; « Élevage des cercopithèques »
— Rapport de Jean-Pierre Gautier au recteur du 06/03/1969

ADIV ; 243W58
— Plans de Louis Arretche du 20/02/1960

ADIV ; 261W113 ; « Station biologique de Paimpont. Avant-projet »
— Plans de Louis Arretche de juin 1963

ADIV ; 261W114 ; « Appel d'offres. 1964-1965 »
— Rapport de présentation de la commission consultative des marchés datant au plus tôt d'octobre 1964
— Procès-verbal de la commission « Appel d'offres : Séance d'ouverture des plis » du 08/10/1964
— Procès-verbal de la commission « Appel d'offres : Examen des résultats » du 12/11/1964
— Procès-verbal de la commission « Recherche d'économies. Discussion avec les entreprises » du 17/12/1964

ADIV ; 261W114 ; « Programme pédagogique (provisoire) 1962 »

ADIV ; 261W114 ; « Station biologique de Paimpont. Tryptique de présentation. 15 février 1965. Louis Arretche »

ADIV ; 261W117
— Plans de Louis Arretche et M. Nouviale du 31/01/1964

ADIV ; 261W118

— Plans de Louis Arretche et M. Nouviale du 15/02/1965

ADIV ; 261W120

— Arrêté du ministère de l'Éducation nationale du 21/02/1964

— Arrêté du ministère de l'Éducation nationale du 23/05/1966

— Arrêté du ministère de l'Éducation nationale du 22/07/1966

— Montaron R. (1966), « Ermites de l'eau et de la forêt... 90 élèves de la faculté des sciences étudieront bientôt la biologie à Paimpont », *Ouest France* du 24/02/1966

b) Centre des archives diplomatiques de Nantes (CADN)

CADN ; 362PO/1 ; 178

— Note du conseiller culturel de l'ambassade de France au Gabon du 14/12/1979

— Synthèse non signée sur l'Unesco du 14/12/1976

— Synthèse non signée sur l'Unesco de mars 1978

— Fiche télégraphique du 30/04/1986 signée Dabezies

CADN ; 362PO/1 ; 178 ; « Unesco (retrait américain) »

— Fiche télégraphique du 04/02/1984 signée Dabezies

CADN ; 364PO/1 ; 6 ; « Accords franco-gabonais. Recueil et Listes. 1960-1984 »

— *Journal Officiel de la République gabonaise* ; numéro 19 du 18 août 1960

— Recueil des accords franco-gabonais

— Liste des accords franco-gabonais de 1960 à 1984

CADN ; 364PO/1 ; 7 ; « Coopération institutionnelle. 1959-1960 »

— Échange de lettres entre les gouvernements français et gabonais datant de 1959 ou 1960

CADN ; 364PO/1 ; 310 : « Recherche scientifique. Accords et conventions »

— Courrier du secrétaire d'État aux relations avec les États de la Communauté au chef de la mission permanente d'aide et de coopération auprès du gouvernement gabonais en date du 21/05/1960

— Convention générale relative à la recherche scientifique entre la République française et la République du Gabon du 01/07/1960

CADN ; 364PO/1 ; 310 : « Coopération en matière de recherche scientifique »

— Fiche de 1984 sur la coopération franco-gabonaise en matière de recherche scientifique

— Note succincte de l'ambassade de France/Mission de coopération de Libreville du 27/02/1984

— Rapport de la mission de coopération de Libreville de juin 1982 sur la recherche scientifique au Gabon

— Rapport de la mission de coopération de Libreville de novembre 1982 sur la recherche scientifique au Gabon

CADN ; 364PO/1 ; 310 : « Accord de coopération en matière de recherche scientifique et technique »

— Lettre d'Omar Bongo à Valéry Giscard d'Estaing du 20/01/1978

— Fiche télégraphique du 22/03/1984 signée Briquet

CADN ; 364PO/1 ; 311 ; « P.E.T.F. N° 16. CENAREST. 1984. Étude d'un écosystème forestier. La réserve de la biosphère d'IPASSA (MAKOKOU) »

— Projet de recherche du CENAREST à l'IRET du 24/01/1984

CADN ; 364PO/1 ; 312 ; « CNRS. Laboratoire de primatologie et d'écologie équatoriale de Makokou. 1967-80 »

— Compte-rendu de la mission du conseiller culturel de l'ambassade de France dans l'Ogooué-Ivindo du 5 au 08/12/1970

— Convention entre le gouvernement français, pour le CNRS, et le gouvernement gabonais signée le 09/03/1967

— Avenant à la convention du 09/03/1967 signé le 27/03/1970

— Note non signée concernant le laboratoire de primatologie et d'écologie équatoriale de Makokou datant de 1971

— Article de « MBILA Le peuple » au sujet de la visite du président Bongo à Makokou le 08/04/1971

— Rapport non signé et non daté sur le Laboratoire de primatologie et d'écologie équatoriale de Makokou

— Rapport du CNRS sur les négociations franco-gabonaises du 20 au 25/07/1977 sur l'avenir des programmes du CNRS à Makokou
— Bulletin d'information n° 50 MPAC/G Février 1971
— Note sur le Conseil des ministres 05/01/1971
CADN ; 364PO/1 ; 313 : « Recherche France CNRS. Mission ECOTROP (1978-1988) »
— Protocole d'accord de recherches entre le CNRS et le CENAREST datant probablement de 1977
— Convention annexe au protocole d'accord entre le CENAREST et le CNRS datant probablement de 1977
— Lettre du président du CNRS au commissaire général du CENAREST du 23/01/1981
CADN ; 364 PO/1 ; 313 ; « Recensements, enquêtes démographiques et sondages d'opinion (1963-1982) »
— Recensement général de la population 1969-1970 établi par le ministère gabonais du Plan, du Développement et de l'Aménagement du territoire

c) Documents écrits issus d'archives numériques diverses

*Encyclopédie de Brocéliande* (EB) (2016-2018a), « La station biologique de Paimpont », *Encyclopédie de Brocéliande*, en ligne https://broceliande.brecilien.org
— Extrait du plan cadastral daté de 2007
— Crusson Joël (1977), « En forêt de Paimpont : Un centre d'initiation écologique... pour le X^e^ anniversaire de la station biologique », *Ouest France* du 13/10/1977
— Lefeuvre J.-C. (1970), « La station biologique de Paimpont », *Bretagne Dimanche* du 10/05/1970
— *Ouest France* (1983), « Samedi en forêt de Paimpont, le temple de l'écologie ouvre ses laboratoires au public », *Ouest France* du 11/02/1983
Archives nationales d'outre-mer, État général des fonds, en ligne http://anom.archivesnationales.culture.gouv.fr
— Fiche descriptive de la série Gabon-Congo I-IV, VI-XX (1839/1919) mise à jour le 18/04/2017
Archives nationales d'outre-mer, Inventaire détaillé, en ligne, *idem*

— Fiche descriptive sur Makokou mise à jour le 22/08/2917
— Fiche descriptive sur l'Ivindo mise à jour le 17/08/2017
Ldh/EHESS/Cassini, en ligne cassini.ehess.fr
— Notice communale sur Paimpont
Constitution du 4 octobre 1858 ; Article 78 (version abrogée au 5 août 1995), en ligne www.legifrance.gouv.fr
Page des archives spiritaines, en ligne www.spiritains.org/qui/figures/cartes/claer.htm
— Note sur le père Albert Claer (1909-1996) rédigée par P. Roger Tabard, archiviste général Cssp
Station biologique de Paimpont, en ligne https://paimpont.univ-rennes1.fr
— « Historique » sur le site de la station biologique de Paimpont Société francophone de la primatologie, en ligne sfdp-primatologie.fr
— Rubriques « Statuts » et « Historique de la SFDP »
Centre national de ressources textuelles et lexicales (CNRTL), en ligne www.cnrtl.fr
— « Station » dans rubrique « Étymologie »,
— « Primate » dans rubrique « Étymologie »
— « Éthologie » dans rubrique « Lexicologie »
Office fédéral de la sécurité alimentaire et des affaires vétérinaires, Confédération suisse
— Note sur la Yersiniose de mars 2013

Production scientifique (par ordre chronologique)

a) Publications des chercheurs de Makokou et Paimpont sur la période 1962-1989

Gautier Jean-Pierre, Gautier-Hion Annie (1969), « Les associations polyspécifiques chez les cercopithecidae du Gabon », *La Terre et la Vie*, 23, p. 164-201
Gautier-Hion Annie, Gautier Jean-Pierre (1971), « La nage chez les cercopithèques arboricoles du Gabon », *Terre et Vie*, 1, p. 67-75

Hladik Claude-Marcel (1973), « Alimentation et activité d'un groupe de chimpanzés réintroduits en forêt gabonaise », *La Terre et la Vie*, 27, p. 343-413

Quris René (1973), « Émissions sonores servant au maintien du groupe social chez cercocebus galeritus agilis », *La Terre et la Vie*, 27, p. 232-267

Gautier-Hion Annie (1975), « Dimorphisme sexuel et organisation sociale chez les cercopithécinés forestiers africains », *Mammalia*, t. 39, n° 3, p. 365-374

Quris René (1976), « Données comparatives sur la socioécologie de huit espèces de cercopithecidae vivant dans une même zone de forêt primitive périodiquement inondée (nord-est du Gabon) », *La Terre et la Vie*, p. 193-209

Gautier-Hion Annie, Gautier Jean-Pierre (1978), « Le Singe de Brazza : Une stratégie originale », *Z. Tierpsychol.*, 46, p. 84-104

Gautier-Hion Annie (1980), « Seasonal variations of diet related to species and sex in a community of *cercopithecus* monkeys », *Journal of Animal Ecology*, 49, p. 237-269

Quris René, Gautier Jean-Pierre, Gautier Jean-Yves,Gautier-Hion Annie (1981), « Organisation spatio-temporelle des activités individuelles et sociales dans une troupe de *cercopithecus cephus* », *Rev. Ecol. (Terre et Vie)*, vol. 35, p. 37-53

Gautier-Hion Annie, Quris René, Gautier Jean-Pierre (1983), « Monospecific vs Polyspecific Life: A Comparative Study of Foraging and Antipredatory Tactics in a Community of *Cercopithecus* Monkeys », *Behav. Ecol. Sociobiol.*, 12, p. 325-335

IRET/ECOTROP (CNRS) (1987), *Makokou, Gabon. Une station de recherche en écologie forestière tropicale. Présentation et publications (1962-1986)*, Organisation des Nations unies, p. 7

Gautier-Hion Annie, Bourlière François, Gautier Jean-Pierre, Kingdon Jonathan (éds.) (1988), *A primate radiation: evolutionary biology of the African guenons*, Cambridge, Cambridge University Press

Gautier Jean-Pierre (1988), « Interspecific affinities among guenons as deduced from vocalizations », dans Gautier-Hion Annie, Bourlière François, Gautier Jean-Pierre, Kingdon Jonathan (éds.), *A primate radiation: evolutionary biology of the African guenons*, Cambridge, Cambridge University Press, p. 194-226

Loireau Jean-Noël, Gautier-Hion Annie (1988), « Olfactory marking behaviour in guenons and its implications », dans Gautier-Hion Annie, Bourlière François, Gautier Jean-Pierre, Kingdon Jonathan (éds.), *A primate radiation: evolutionary biology of the African guenons*, Cambridge, Cambridge University Press, p. 246-253

Gautier-Hion Annie (1988a), « The diet ans dietary habits of forest guenons », dans Gautier-Hion Annie, Bourlière François, Gautier Jean-Pierre, Kingdon Jonathan (éds.), *A primate radiation: evolutionary biology of the African guenons*, Cambridge, Cambridge University Press, p. 257-284

Gautier-Hion Annie (1988b), « Polyspecific associations among forest guenons: ecological behavioural and evolutionary aspects », dans Gautier-Hion Annie, Bourlière François, Gautier Jean-Pierre, Kingdon Jonathan (éds.), A primate radiation: evolutionary biology of the African guenons, Cambridge, Cambridge University Press, p. 453-477

Gautier-Hion Annie, Michaloud Georges (1989), « Are Figs Always Keystone ressources For Tropical Frugivorous Vertebrates? A Test in Gabon », *Ecology*, 70(6), p. 1826-1833

Gautier-Hion Annie (2006), Les gorilles, Rennes, Éditions Apogée

Publications du laboratoire ETHOS d'après son site internet pour la période 1962-1989 inclus, en ligne https://ethos.univ-rennes1.fr/recherche/publications (consulté le 16/10/2018)

b) Publications de collaborateurs des chercheurs de Makokou et Paimpont sur la période

Leakey Meave (1988), « Fossil evidence for the evolution of the guenons », dans Gautier-Hion Annie, Bourlière François, Gautier Jean-Pierre, Kingdon Jonathan (éds.), *A primate radiation: evolutionary biology of the African guenons*, Cambridge, Cambridge University Press, p. 7-12

Hamilton Alan C. (1988), « Guenon evolution and forest history », dans Gautier-Hion Annie, Bourlière François, Gautier Jean-Pierre, Kingdon Jonathan (éds.), *A primate radiation: evolutionary biology of the African guenons*, Cambridge, Cambridge University Press, p. 13-34

Pickford Martin, Senut Brigitte (1988), « Habitat and locomotion in Miocene cercopithecoids », dans Gautier-Hion Annie, Bourlière François, Gautier Jean-Pierre, Kingdon Jonathan (éds.), *A primate radiation: evolutionary biology of the African guenons*, Cambridge, Cambridge University Press, p. 35-53

Lernould Jean-Marc (1988), « Classification and geographical of guenons: a review », dans Gautier-Hion Annie, Bourlière François, Gautier Jean-Pierre, Kingdon Jonathan (éds.), *A primate radiation: evolutionary biology of the African guenons*, Cambridge, Cambridge University Press, p. 54-78

Ruvolo Maryellen (1988), « Genetic evolution of the African guenons », dans Gautier-Hion Annie, Bourlière François, Gautier Jean-Pierre, Kingdon Jonathan (éds.), A primate radiation: evolutionary biology of the African guenons, Cambridge, Cambridge University Press, p. 127-139

Turner Trudy T., Maiers Jerald E., Mott Carol S. (1988), « Population differentiation in Cercopithecus monkeys », dans Gautier-Hion Annie, Bourlière François, Gautier Jean-Pierre, Kingdon Jonathan (éds.), A primate radiation: evolutionary biology of the African guenons, Cambridge, Cambridge University Press, p. 140-149

Dutrillaux Bernard, Muleris Martine, Couturier Jérôme (1988), « Chromosomal evolution of Cercopithecinae », dans Gautier-Hion Annie, Bourlière François, Gautier Jean-

Pierre, Kingdon Jonathan (éds.), A primate radiation: evolutionary biology of the African guenons, Cambridge, Cambridge University Press, p. 150-159

Martin Robert D., MacLarnon Ann M. (1988), « Quantitative comparisons of the skull and teeth in guenons », dans Gautier-Hion Annie, Bourlière François, Gautier Jean-Pierre, Kingdon Jonathan (éds.), *A primate radiation: evolutionary biology of the African guenons*, Cambridge, Cambridge University Press, p. 160-183

Kingdon Jonathan (1988a), « Comparative morphology of hands and feet in the genus Cercopithecus », dans Gautier-Hion Annie, Bourlière François, Gautier Jean-Pierre, Kingdon Jonathan (éds.), *A primate radiation: evolutionary biology of the African guenons*, Cambridge, Cambridge University Press, p. 184-193

Kingdon Jonathan (1988b), « What are face patterns and do they contribute to reproductive isolation in guenons? », dans Gautier-Hion Annie, Bourlière François, Gautier Jean-Pierre, Kingdon Jonathan (éds.), *A primate radiation: evolutionary biology of the African guenons*, Cambridge, Cambridge University Press, p. 227-245

Struhsaker Thomas T., Leland Lysa (1988), « Group fission in redtail monkeys (Cercopithecus ascanius) in the Kibale Forest, Uganda », dans Gautier-Hion Annie, Bourlière François, Gautier Jean-Pierre, Kingdon Jonathan (éds.), *A primate radiation: evolutionary biology of the African guenons*, Cambridge, Cambridge University Press, p. 364-388

Struhsaker Thomas T. (1988), « Male tenure, multi-male influxes, and reproductive success in redtail monkeys (Cercopithecus ascanius) », dans Gautier-Hion Annie, Bourlière François, Gautier Jean-Pierre, Kingdon Jonathan (éds.), *A primate radiation: evolutionary biology of the African guenons*, Cambridge, Cambridge University Press, p. 430-363

Struhsaker Thomas T., Butynski Thomas M., Lwanga Jeremiah S. (1988), « Hybridization between redtail (Cercopithecus ascanius schmidti) and blue (C. mitis stuhlmanni) monkeys in the Kibale Forest, Uganda », dans Gautier-Hion Annie, Bourlière François, Gautier Jean-Pierre, Kingdon Jonathan (éds.), *A primate radiation: evolutionary biology of the African guenons*, Cambridge, Cambridge University Press, p. 477-497

c) Autres publications sur les primates, anciennes ou contemporaines de notre période

Broca Paul (1869), « L'ordre des primates : parallèle anatomique de l'homme et des singes », *Bulletins de la Société d'anthropologie de Paris*, II° série, tome 4, p. 228-401

Broca Paul (1877a), « De la plagiocéphalie chez le singe », *Bulletins de la Société d'anthropologie de Paris*, II° série, tome 12, p. 402

Broca Paul (1877b), « Le pli transversal du singe dans la main de l'homme », *Bulletins de la Société d'anthropologie de Paris*, II° série, tome 12, p. 431-432

Broca Paul (1877c), « Sur le cerveau du gorille », *Bulletins de la Société d'anthropologie de Paris*, II° série, tome 12, p. 432-439

Broca Paul (1879), « Sur trois cerveaux d'orangs », *Bulletins de la Société d'anthropologie de Paris*, III° série, tome 2, p. 607-608

Jones Clyde, Sabater Pi Jordi (1969), « Sticks used by chimpanzees in Rio Muni, West Africa », dans Veà Joaquim J., Fullola Josep M., Serrat David, Turbon Daniel (éds.) (1997), *Professor Jordi Sabater Pi. Una vida a l'Àfrica dedicada a la recerca naturalista*, Barcelone, Universitat de Barcelona, p. 65-67

Sabater Pi Jordi (1974), « An elementary industry of the chimpanzees in the Okorobikó moutaines of Rio Muni (Rep. Equat. Guinea, West Africa) », dans Veà Joaquim J., Fullola Josep M., Serrat David, Turbon Daniel (éds.) (1997), *Professor Jordi Sabater Pi. Una vida a l'Àfrica dedicada a la recerca naturalista*, Barcelone, Universitat de Barcelona, p. 85-98

Altmann Jeanne (1974), « Observational Study of Behavior: Sampling Methods », *Behaviour*, vol. 49, nº 3/4, p. 227-267

Fossey Dian (1983), Gorillas in the mist, Boston, Houghton Mifflin Company

Traduction française (1984) : Gorilles dans la brume, Paris, Presses de la Cité

Sabater Pi Jordi (1988), « Recuerdo de África », dans Veà Joaquim J., Fullola Josep M., Serrat David, Turbon Daniel (éds.) (1997), *op. cit.*, p. 20

Témoignages (par ordre chronologique)

Hladik Claude-Marcel et Annette (2011), « Annie Gautier-Hion, 1940-2011 », *Revue de primatologie*, 3

Gautier Jean-Pierre (2012), « Hommage à Annie Gautier-Hion », *Revue de primatologie*, 4

Gautier Jean-Pierre, Caillaud Damien, Oates John, Struhsaker Thomas, Williamson Liz, Maisels Fiona (2013), « Dr. Annie Gautier-Hion (1940-2011) », *Primate Conservation*, 26, p. 145

Gautier Jean-Pierre (2018), *Historique de la formation et du développement de l'équipe de primatologie de l'université de Rennes – CNRS – Mission biologique au Gabon – Station biologique de Paimpont*, témoignage personnel non publié, reçu le 15/10/2018

Sources audiovisuelles (par ordre chronologique)

Poitou Gérard (1973), « Quelques pas dans la forêt », Émission *Portrait de l'univers* du 12/11/1973, 54 min 16 s, ORTF, site de l'INA, en ligne www.ina.fr

Devez Alain (1986), « L'île aux singes », Émission *Le monde selon Georges* du 19/03/1986, 12 min 17 s, Antenne 2, CNRS, CRC Éditions, en ligne www.ina.fr

# Bibliographie


Anderson Ted R. (2017), « *In memoriam.* Robert A. Hinde, CBE, 1923-2016 », *The Auk: Ornithological Advances*, 134, p. 780-781

Antebi Arnó Andrés, González Morandi Pablo, López Bargados Alberto, Martín Corrales Eloy (2017), « Ikunde. La petjada barcelonina en l'espai colonial », dans Manuel Delgado Ruiz (éd.), *Ikunde. Barcelona, metròpoli colonial*, Barcelone, Adjuntament de Barcelona, p. 187-225

Baratay Eric (2012), « Pour une histoire éthologique et une éthologie historique », *Études rurales*, EHESS, 189 (1), p. 91-106

Baratay Eric (2017), *Biographies animales. Des vies retrouvées*, Paris, Seuil

Benson Etienne (2011), « Animal Writes. Historiography, Disciplinarity, and the Animal Trace », dans Linda Kalof, Georgina M. Montgomery, *Making animal meaning*, Michigan State University Press, p. 3-16

Benson Etienne (2016), « Naming the Ethological Subject », *Science in Context*, 29, p. 107-128

Bernault Florence, Tonda Joseph (2009), « Le Gabon : une dystopie tropicale », *Politique africaine*, 3, n° 115, p. 7-26

Boesch Christophe (2001), « L'homme, le singe et l'outil : question de cultures ? », dans Yves Coppens, Pacal Picq (dir.), *Aux origines de l'humanité, Tome 2. Le propre de l'homme*, Paris, Fayard, p. 170-199

Burkhardt Richard W. (1994), « Le comportement animal et la biologie française. 1920-1950 », dans Claude Debru, Jean Gayon, Jean-François Picard, *Les sciences biologiques et médicales en France 1920-1950, Actes du colloque de Dijon, 25-27 juin 1992*, CNRS Éditions, p. 99-111

Canguilhem Georges (1977), *Idéologie et rationalité dans l'histoire des sciences de la vie*, Paris, Vrin, 2009

Canguilhem George (1968), *Études d'histoire et de philosophie des sciences concernant les vivants et la vie*, Paris, Vrin, 1994

Cassidy Angela, Mason Dentinger Rachel, Schoeffert Kathryn, Woods Abigail (2017), « Animal roles and traces in the history of medicine, *c.* 1880-1980 », *British journal for the history of science: Themes*, 2, p. 11-33

Chavot Philippe (1994), *Histoire de l'éthologie. Recherches sur le développement des sciences du comportement en Allemagne, Grande-Bretagne et France, de 1930 à nos jours*, Thèse de doctorat, Université de Strasbourg

Coppens Yves (1979), « Camille Arambourg et Louis Leakey ou un ½ siècle de paléontologie africaine », *Bulletin de la Société préhistorique française*, t. 76, n° 10/12, p. 291-323

Coppens Yves, Picq Pacal (dir.) (2001), *Aux origines de l'humanité, Tome 2. Le propre de l'homme*, Paris, Fayard

Cornette Joël (2005), *Histoire de la Bretagne et des Bretons*, tome 1, Paris, Points

Cornette Joël 2005, *Histoire de la Bretagne et des Bretons*, tome 2, Paris, Points

Debaz Josquin (2005), *Les stations françaises de biologie marine et leurs périodiques entre 1872 et 1914*, Thèse de doctorat, EHESS

De Bont Raf (2014), *Stations in the field. A history of Place-Based Animal Research, 1870-1930*, Chicago & London, University of Chicago Press

Deschamps Hubert (1962), *Traditions orales et archives au Gabon. Contribution à l'éthnohistoire*, Paris, Éditions Berger-Levrault

Descola Philippe (2005), *Par-delà nature et culture*, Paris, Gallimard

Didzambou Rufin (2010), « Entreprises françaises au Gabon et développement économique et social. 1960-2010 », *Outre-mers*, tome 97, n° 368-369, p. 195-216

Ducros Albert et Jacqueline (1989), « De la découverte des grands singes à la paléo-éthologie humaine », *Bulletins et mémoires de la Société d'anthropologie de Paris*, nouvelle série, tome 1, fasc. 3-4, p. 301-320

Ducros Albert et Jacqueline (2001), « La découverte des grands singes ou le parent retrouvé », dans Yves Coppens, Pacal Picq (dir.), *Aux origines de l'humanité, Tome 2. Le propre de l'homme*, Paris, Fayard, p. 26-79

*Encyclopédie de Brocéliande* (EB) (2016-2018a), « La station biologique de Paimpont », *Encyclopédie de Brocéliande*, en ligne https://broceliande.brecilien.org

*Encyclopédie de Brocéliande* (EB) (2016-2018b), « L'université s'implique sur le massif forestier de Paimpont », en ligne https://broceliande.brecilien.org

Febvre Lucien (1943), « Propos d'initiation : vivre l'histoire », *Mélanges d'histoire sociale*, n° 3, p. 5-18

Ferrière Hervé, Laubé Sylvain (2016), « Approche systémique des années 1966-1967 en Bretagne : des années décisives pour le développement de la recherche et de l'enseignement supérieur dans le domaine des sciences et techniques de la mer », dans André Lespagnol et Matthieu Leprince (dir.), *Les mutations de l'enseignement supérieur et de la recherche en Bretagne (1945-2015)*, Rennes, PUR, p. 323-339

Fischer Jean-Louis (2002), « Création et fonctions des stations maritimes françaises », *La revue pour l'histoire du CNRS*, n° 7

Fontenay Elisabeth (de) (2001), « L'exproprié : comment l'homme s'est exclu de la nature », dans Yves Coppens, Pacal Picq (dir.), *Aux origines de l'humanité, Tome 2. Le propre de l'homme*, Paris, Fayard, p. 480-505

Gray Christopher (1994), « Who Does Historical Research in Gabon? Obstacles to the Development of a Scholarly Tradition », *History in Africa*, 21, p. 413

Guillo Dominique (2015), « Quelle place faut-il faire aux animaux en sciences sociales ? Les limites des réhabilitations récentes de l'agentivité animale », *Revue française de sociologie*, vol. 56, p. 135-163

Haraway Donna (1991), *Simians, Cyborgs and Women: The reinvention of Nature*, New York, Routledge

Traduction française par Oristelle Bonis (2009) : *Des singes, des cyborgs et des femmes : La réinvention de la nature*, Paris, Actes Sud

Haraway Donna (1991a), « Sociologie animale et économie naturelle du corps politique : une physiologie politique de la dominance », dans Donna Haraway, *Des singes, des cyborgs et des femmes : La réinvention de la nature*, Paris, Actes Sud, p. 25-45

Haraway Donna (1991b), « Le passé est la zone disputée : la nature humaine et les théories de la production et de la reproduction dans les études sur le comportement des primates », dans Donna Haraway, *Des singes, des cyborgs et des femmes : La réinvention de la nature*, Paris, Actes Sud, p. 47-82

Haraway Donna (1991c), « L'entreprise biologique : le sexe, l'esprit et le profit, de l'ingénierie humaine à la sociobiologie », dans Donna Haraway, *Des singes, des cyborgs et des femmes : La réinvention de la nature*, Paris, Actes Sud, p. 83-123

Haraway Donna (1991d), « L'enjeu de la nature des primates : les filles de l'homme-chasseur arrivent sur le terrain, 1960-1980 », dans Donna Haraway, *Des singes, des cyborgs et des femmes : La réinvention de la nature*, Paris, Actes Sud, p. 143-189

Herring Emily (2016), « Des évolutionnismes sans mécanisme : Les néolamarckismes métaphysiques d'Albert Vandel (1884-1980) et Pierre-Paul Grassé (1895-1985) », *Revue d'histoire des sciences*, tome 69-2, p. 369-398

Herzfeld Chris (2018), *The great apes. A short story*, New Haven & London, Yale University Press

Hochadel Oliver (2010), « Darwin in the Monkey Cage. The Zoological Garden as a Medium of Evolutionary Theory », dans Dorothee Brantz (éd.), *Beastly Natures. Animals, Humans, and the Study of History*, Charlotteville & London, University of Virginia Press, p. 81-107

Hochadel Oliver (2018), « Floquet de Neu, l'únic goril.la albí », dans Borja de Riquer (dir.), *Història mundial de Catalunya*, Barcelone, Edicions 62, p. 849

Hoenen Laure (2014), *Histoire de la naissance du centre de primatologie de Strasbourg (1970-1985)*, Mémoire de master 2, Université de Strasbourg

Hoenen Laure (2017), « Du macaque rhésus au macaque fascicularis : le refus de l'Inde de l'exportation de ses rhésus (1970-1990) », *Revue de primatologie*, Varia 8

d'Hondt Jean-Loup (2007), *Histoire de la zoologie*, Paris, Ellipses

Jourdaa Frédérique (1999), « Annie-Gautier-Hion, la dame de Paimpont », *La Recherche*, mensuel 324

Laubier Lucien (2002), « L'émergence de l'océanographie au CNRS : les conditions de la pluridisciplinarité », *La revue pour l'histoire du CNRS*, 6

Leblan Vincent (2017), *Aux frontières du singe. Relations entre hommes et chimpanzés au Kakandé, Guinée (XIX$^{e}$-XXI$^{e}$ siècles)*, Paris, Éditions de l'EHESS

Leblan Vincent (2018), « Une frontière coloniale homme/singe. Captures des chimpanzés et fabrique des identités raciales à l'Institut Pasteur de Kindia, Guinée française, 1920-1930 », dans Dominique Juhé-Beaulaton, Vincent Leblan (dir.), *Le spécimen et le collecteur. Savoirs naturalistes, pouvoirs et altérités (XVIIIe-XXe siècles)*, Paris, Publications scientifiques du Muséum nationale d'histoire naturelle, p. 385-427

Lékoulékissa Rodrigue (2011), « L'aménagement hydroélectrique de Kinguélé : rôle et savoir-faire des entreprises françaises au Gabon (1947-1973) », *Outre-mers*, tome 98, n° 370-371, p. 195-204

Lotito Gaston (1970), « Le développement économique du Gabon », *Cahiers d'outre-mer*, n° 92, p. 425-439

M'Bokolo Elikia (1977), « Le Gabon précolonial : étude sociale et économique », *Cahiers d'études africaines*, vol. 17, cahier 66/67, p. 331-344

Montgomery Georgina M. (2005), « Place, Practice and Primatology: Clarence Ray Carpenter, Primate Communication and the Development of Field

Methodology », *Journal of the History of Biology*, vol. 38, n° 3, p. 495-533

Montgomery Georgina M. (2015), *Primates in the Real World. Escaping Primate Folklore and Creating Primate Science*, Charlotteville & London, University of Virginia Press

Moutangou Fabrice Anicet (2013), *Une entreprise coloniale et des travailleurs : la Société du Haut-Ogooué et la main-d'œuvre africaine* (1893-1963), Thèse de doctorat, Université de Toulouse

Mudimbe Valentin-Yves (1988), *The Invention of Africa: Gnosis, Philosophy and the Order of Knowledge*, Bloomington, Indianapolis et Londres, Indiana University Press, James Currey

Munz Tania (2016), *The Dancing Bees: Karl Von Frisch and the Discovery of the Honeybee Language*, Chicago, University of Chicago Press

Pape Louis (2000), « L'Armorique gallo-romaine », dans Jean Delumeau (dir.), *Histoire de la Bretagne*, Toulouse, Éditions Privat, p. 94-98

Peterson Dale (2006), *Jane Goodall. Thoe Woman Who Redifined Man*, Boston & New York, Mariner Books, p. 116-117

Pouillard Violette (2011), « Le jardin zoologique et le rapport à la faune sauvage : gestion des "collections zoologiques" au zoo d'Anvers (1843-vers 2000) », *Revue belge de philologie et d'histoire*, tome 89, fasc. 3-4, p. 1193-1231

Pouillard Violette (2015), « Vie et mort des gorilles de l'Est (*Gorilla Beringei*) en captivité (1923-2012), *Revue de synthèse*, tome 136, 6e série, p. 375-402

Rees Amanda (2001), « Anthropomorphism, Anthropocentrism, and Anecdote: Primatologists on Primatology », *Science, Technology, & Human Values*, vol. 26, n° 2, p. 227-247

Rey Guillaume (2011), *Les institutions politiques moose à l'épreuve de la situation coloniale*, Mémoire de master 2, Université Rennes 2

Rodman P. S. (1999), « Whither Primatology? The Place of Primates in Contemporary Anthropology », *Annual Review of Anthropology*, vol. 28, p. 311-339

Soulu Frédéric (2016), « “Ils les connaissaient déjà !” : Pratiques de l’astronomie coloniale française aux frontières de l’Empire en 1862 », *TraverSCE, École doctorale SCE*, n° 496, p. 63-75

Soulu Frédéric (2018), « Observatoires français dans l’Algérie coloniale : forme et spatialité », *Cahiers François Viète*, sér. III, n° 4, p. 61-92

Stent Kate (2013), « En forêt magique de Brocéliande, les singes parlent », *Ouest France*, édition modifiée le 26/09/2013, en ligne www.ouest-france.fr/en-foret-magique-de-broceliande-les-singes-parlent-70001

Tchatchou Bérenger, Sonwa Denis J., Ifo Suspense, Tiani Anne Marie (2015), *Déforestation et dégradations des forêts dans le Bassin du Congo. État des lieux, causes actuelles et perspectives*, Centre de recherche forestière internationale (CIFOR), p. VIII

Thiesse Anne-Marie (1999), *La création des identités nationales*, Paris, Seuil

Thomas Marion (2003), *Rethinking the history of ethology: French animal behaviour studies in the Third Republic (1870-1940)*, PhD thesis, Université de Manchester

Thomas Marion (2008), « Histoire de la psychologie animale : la question de l’intelligence animale en France et aux États-Unis au début du XX^e^ siècle », *L’Homme & la société*, n° 167-168-169, p. 223-250

Thomas Marion (2010), « 12. Entre laboratoire et terrain : les recherches sur le comportement animal au début du XX^e^ siècle », dans Florence Burgat (dir.), *Penser le comportement animal. Contribution à une critique du réductionnisme*, Paris et Versailles, Éditions de la Maison des sciences de l’homme et Quae, p. 281-303

Thomas Marion (2017), « Entre Paris et les Tropiques, le rôle inattendu des instituts Pasteur dans la naissance de la psychologie animale pendant la période coloniale », *Revue de primatologie*, Varia 8

Tort Joan, Tobaruela Pere (2003), *Okorobikó. Una biografia de Jordi Sabater Pi*, Barcelone, Adventure Press, National Geographic et La Magrana

Van Hoof Jan A.R.A.M. (2001), « Vivre en groupe : entre contraintes sociales, sexuelles et écologiques », dans Yves Coppens, Pacal Picq (dir.), *Aux origines de l'humanité, Tome 2. Le propre de l'homme*, Paris, Fayard, p. 200-241

Veà Joaquim J., Fullola Josep M., Serrat David, Turbon Daniel (éds.) (1997), *Professor Jordi Sabater Pi. Una vida a l'Àfrica dedicada a la recerca naturalista*, Barcelone, Universitat de Barcelona

Walter Philippe (dir.) (2002), *Brocéliande ou le génie du lieu*, Grenoble, Presses universitaires de Grenoble

Wartelle Jean-Claude (2004), « La Société d'anthropologie de Paris de 1859 à 1920 », *Revue d'histoire des sciences humaines*, n° 10, p. 125-171

Warter Lucile (2006), *Utilisation des primates non humains en recherche biomédicale*, Thèse de doctorat, Université de Toulouse

# LISTE DES TABLEAUX

## Table des matières

## Structures éditoriales du groupe L'Harmattan


**L'Harmattan Italie**
Via degli Artisti, 15
10124 Torino
harmattan.italia@gmail.com

**L'Harmattan Hongrie**
Kossuth l. u. 14-16.
1053 Budapest
harmattan@harmattan.hu

**L'Harmattan Sénégal**
10 VDN en face Mermoz
BP 45034 Dakar-Fann
senharmattan@gmail.com

**L'Harmattan Cameroun**
TSINGA/FECAFOOT
BP 11486 Yaoundé
inkoukam@gmail.com

**L'Harmattan Burkina Faso**
Achille Somé – tengnule@hotmail.fr

**L'Harmattan Guinée**
Almamya, rue KA 028 OKB Agency
BP 3470 Conakry
harmattanguinee@yahoo.fr

**L'Harmattan RDC**
185, avenue Nyangwe
Commune de Lingwala – Kinshasa
matangilamusadila@yahoo.fr

**L'Harmattan Congo**
67, boulevard Denis-Sassou-N'Guesso
BP 2874 Brazzaville
harmattan.congo@yahoo.fr

**L'Harmattan Mali**
ACI 2000 - Immeuble Mgr Jean Marie Cisse
Bureau 10
BP 145 Bamako-Mali
mali@harmattan.fr

**L'Harmattan Togo**
Djidjole – Lomé
Maison Amela
face EPP BATOME
ddamela@aol.com

**L'Harmattan Côte d'Ivoire**
Résidence Karl – Cité des Arts
Abidjan-Cocody
03 BP 1588 Abidjan
espace_harmattan.ci@hotmail.fr


## Nos librairies en France


**Librairie internationale**
16, rue des Écoles
75005 Paris
librairie.internationale@harmattan.fr
01 40 46 79 11
www.librairieharmattan.com

**Librairie des savoirs**
21, rue des Écoles
75005 Paris
librairie.sh@harmattan.fr
01 46 34 13 71
www.librairieharmattansh.com

**Librairie Le Lucernaire**
53, rue Notre-Dame-des-Champs
75006 Paris
librairie@lucernaire.fr
01 42 22 67 13

www.ingramcontent.com/pod-product-compliance
Lightning Source LLC
LaVergne TN
LVHW011012061026
849535LV00006B/1834
* 9 7 8 2 3 4 3 2 1 5 4 9 5 *